气候变化对中国玉米生产的影响及适应性途径评估

郭李萍　谢瑞芝 等　著

U0391176

中国农业出版社

北　京

全书著者：（按姓氏笔画排序）

刘志娟　刘建栋　刘　哲　李　阔

张亮亮　张　朝　陈　一　金　剑

昝糈莉　姜朝阳　郭李萍　黄玉兰

谢瑞芝　潘　婕

贡献著者：（按姓氏笔画排序）

刁田田　马　芬　王　妍　王　婷

牛晓光　史登宇　白　帆　巩敬锦

乔苏靓　刘　涛　苏正娥　李　明

李鸣钰　杨荣全　杨婉蓉　何雨桐

张方亮　张镇涛　房　蕊　柳　瀛

祝光欣　郭世博　桑梦瑶　黄秋婉

董李冰　谢志煌　魏　娜

序

在全球气候变化大背景下，作物生产及其应对措施如何进行科学评估，不同地区未来栽培生产措施及方向等如何选择，是决策者需要迫切了解和进行前瞻性规划的科学问题。国家"十三五"重点研发计划"粮食丰产增效科技创新"重点专项围绕粮食丰产增效可持续发展目标，设立了三大作物生产系统对气候变化的响应机制及适应性栽培途径研究项目，本书的大部分内容为该专项下基础课题研究之一"玉米生产关键气候因子的时空变化规律及其对玉米生产系统影响研究"的主要研究成果。

本书研究结果均为一线科研人员最新研究成果，采用翔实的数据和科学的方法，分析了玉米生产系统过去 50 多年和未来气候变化情景下 21 世纪 30 年代及 21 世纪 50 年代气候变化时空特征，其中在历史气候变化特征方面，采用了 1961—2015 年 2 459 个气象站的数据分析了过去 55 年玉米生育期主要气象要素的时空变化特征，较大部分研究采用的 800 个气象站数据得出的分析结果更为全面；在未来气候变化时空特征方面，本书采用了区域气候模式 PRECIS 进行动力降尺度，生成了 IPCC 第 5 次气候变化评估所公布的 2 个代表性的温室气体排放情景（RCP4.5 和 RCP8.5）下中国玉米主产区 2021—2060 年高精度的未来气候要素日值，并对区域气候模式生成的数据根据历史实测数据特征进行了科学订正，较当前大部分研究采用全球气候模式生成的数据更能代表具有不同地形及下垫面特点的中国各地区气候特征，所得出的分析也更为精细和科学。此外，本书采用 3 个代表性作物模型，利用一致的未来气候情景数据评估了气候变化对玉米产量的影响及主要的适应性措施对玉米生产趋利避害的作用，并对未来玉米生产及品种布局提出了相应建议。

全书内容均由长期从事气候变化农业影响方面的主要研究机构或团队的一线科技人员与从事玉米栽培生产一线团队的骨干人员共同完成，我们团队多年实证研究所获得的田间实证数据有幸被用于作物评估模型的参数校验，丰富了模型评估团队的参数校验数据来源，是气候变化与作物生产领域科技人员深度合作的最新科研结果。

我作为长期从事玉米栽培生产的一线研究人员，很高兴看到气候变化相关领域的研究人员，特别是中国农业科学院农业环境与可持续发展研究所研究员林而达研究小组的年轻科技人员以及相关领域的各单位一线研究人员能从玉米栽培生产中适应性栽培途径的视角对玉米生产系统进行相应的前沿研究与评估，这些研究内容能紧密结合我国当前及未来玉米生产中面临的问题及发展方向，一些工作也有我们研究团队的年轻科研人员共同参与其中，是一个跨学科探讨气候变化对玉米生产影响的最新研究，我相信该书对政府决策部门及农业领域科研人员、特别是玉米生产的农业推广部门人员都有启发，期待它能为从事玉米栽培领域的科研同行及生产人员在全球变化大背景的视角下带来一些启发性思考，并对未来积极应对气候变化的玉米育种与品种布局规划起到一定的指向性作用。

中国农业科学院作物栽培与生理团队首席专家

2022 年 6 月

前　　言

气候变化已为科学观测所证实，为科学界及各国政府所关注。中国在地理上属亚欧大陆东南部，农业主产区以季风气候（东部）和温带大陆性气候（西部）为主，雨热同季，气候变化的影响显著。玉米作为我国当前种植面积最广、产量最高的三大作物之一，对国家粮食安全的贡献不容置疑。

政府间气候变化专门委员会（IPCC）已进行了六次系统的全球气候变化评估报告（第一工作组的报告已于 2021 年完成），我国科技部也正在组织《第四次气候变化国家评估报告》。关于气候变化对作物生产的影响，我国研究人员也陆续有了不少研究，但由于不同研究采用的气候数据精度及作物模型不同，譬如大部分评估采用全球气候模式产生的未来气候情景数据精度不足，此外，一些采用区域气候模式进行的评估在用于农业影响评估方面的气候数据也缺乏精细化的订正、应用和分析。因此，在气候变化对主要作物生产的影响如何、适应性措施在气候变化条件下趋利避害的作用如何、作物生产中的栽培及育种方向如何积极适应未来的气候变化、各种适应性措施在不同生态区或主产区的效果如何、不同气候变化情景对作物单产及全国尺度上总产的影响如何等方面，需要采用最新的气候变化情景、高精度气候数据以及多种影响评估模型进行科学评估。包括采用区域降尺度模式获得并订正的我国未来气候情景高精度数据、采用不同的作物模型进行评估以降低评估的不确定性。

本书汇集了气候变化与玉米生产相关领域一线研究人员"十三五"重点研发计划项目"玉米生产系统对气候变化的响应机制及其适应性栽培途径"中基础研究课题的主要研究成果，由中国农业科学院农业环境与可持续发展研究所、中国农业科学院作物科学研究所、中国农业大学、中国科学院地理科学与资源研究所、中国气象科学研究院、北京师范大学、中国科学院东北地理与农业生态研究所等单位的一线科技人员共同完成,我们期待该书能为本领域科研人员、政府相关决策部门及生产一线人员提供气候变化条件下玉米生产方面的相关科学指导。

本书由郭李萍统稿,具体各章主要作者如下:

第一章:谢瑞芝(中国农业科学院作物科学研究所)

第二章:刘建栋 姜朝阳(中国气象科学研究院)

第三章:潘 婕(中国农业科学院农业环境与可持续发展研究所)

第四章:郭李萍(中国农业科学院农业环境与可持续发展研究所)

金 剑(中国科学院东北地理与农业生态研究所)

黄玉兰(黑龙江八一农垦大学生命科学技术学院)

第五章:张 朝 张亮亮(北京师范大学国家安全与应急管理学院)

第六章:陈 一(中国科学院地理科学与资源研究所)

第七章:刘志娟(中国农业大学资源与环境学院)

第八章:李 阔(中国农业科学院农业环境与可持续发展研究所)

第九章:李 阔 郭李萍(中国农业科学院农业环境与可持续发展研究所)

第十章:刘 哲 昝糈莉(中国农业大学土地科学与技术学院)

本书研究内容在研究工作过程中,得到了中国农业科学院农业环境与可持续发展研究所林而达研究员以及中国农业大学资源与环境学院杨晓光教授的指导和作物科学研究所赵明研究员和李少昆研究员的诸多建设性意见和建议,在此一并表示衷心感谢。中国农业科学院研究生桑梦瑶和王婷协助完成了书稿中文字、图表及参考文献的格式编排和核对工作。课题在开展研究的 4 年期间,各单位参与相关工作的研究生同学们在试验开展、数据测定、模型调参、模型运行等方面为本研究提供了直接的第一手数据,本书在著者页一并作为"贡献著者"列出,感谢可爱的研究生同学们的辛勤付出。由于编者水平有限,书中一定还存在一些不足及尚需改进之处,恳请读者不吝批评指正,以便我们有机会在以后的工作中做进一步的完善。

编 者

2022 年 6 月

目　　录

序

前言

第一篇　玉米生产与气候

第一章　中国玉米生产概况及气候资源需求 ……………………………………… 3

一、玉米生产概况 ………………………………………………………………… 3

二、玉米发育阶段及其生产管理要点 …………………………………………… 9

第二章　近 55 年中国玉米生态区气候变化时空特征 ………………………… 15

一、概述 ………………………………………………………………………… 15

二、近 55 年玉米生育期气候变化时空特征研究方法 ………………………… 15

三、近 55 年玉米生育期气候变化时空特征 …………………………………… 16

四、本章主要结论 ……………………………………………………………… 27

第三章　中国玉米生态区未来气候情景变化特征 ……………………………… 29

一、未来气候情景数据降尺度方法 …………………………………………… 29

二、中国玉米种植区主要气候资源（全年）未来时空变化特征 …………… 46

三、主要玉米生态区气象条件（不同生育期）未来变化特征 ……………… 48

四、主要玉米生态区极端气候事件未来时空变化特征 ……………………… 58

五、未来气候情景下玉米生态区气候变化时空特征及生产建议 ………… 63

第二篇　气候变化对玉米生产的影响

第四章　大气 CO_2 浓度升高对玉米生长的影响 ……………………………… 69

一、大气 CO_2 浓度升高对植物的影响研究方法 …………………………… 69

二、植物光合作用基础：C_3 及 C_4 途径 ………………… 70

三、大气 CO_2 浓度升高对玉米产量及主要生理参数的影响 …… 71

四、大气 CO_2 浓度升高及氮肥对玉米碳氮代谢的影响 ……… 91

五、结论与建议 ……………………………………… 101

第五章　历史气候及适应性措施对玉米生产的影响 ………… 103

一、甄别不同因素贡献的研究方法 ……………………… 103

二、历史气候及适应性措施对玉米生产的贡献 …………… 107

三、结论与建议 ……………………………………… 113

第六章　未来气候变化对玉米生产的影响及适应性措施作用评估：
基于 MCWLA 模型 ………………………………… 114

一、MCWLA 模型评估研究方法 ………………………… 115

二、未来气候变化对中国玉米主产区产量的影响 ………… 117

三、不同适应措施对未来玉米产量的作用 ………………… 119

四、结论与建议 ……………………………………… 124

第七章　未来气候变化对玉米生产的影响及适应性措施作用评估：
基于 APSIM 模型 ………………………………… 126

一、APSIM 评估研究方法 ……………………………… 126

二、未来气候变化对中国玉米主产区产量的影响 ………… 128

三、不同适应措施对未来玉米产量的作用 ………………… 130

四、结论与建议 ……………………………………… 136

第八章　未来气候变化对玉米生产的影响及适应性措施作用评估：
基于 DSSAT 模型 ………………………………… 137

一、DSSAT 模型评估研究方法 ………………………… 138

二、未来气候变化对中国玉米主产区产量的影响 ………… 140

三、不同适应措施对未来玉米产量的作用 ………………… 141

四、结论与建议 ……………………………………… 149

第九章　未来气候变化对玉米生产的多模型评估 …………… 150

一、未来气候变化对玉米单产的影响：基于三模型评估 …… 150

二、适应性措施对未来玉米单产影响的多模型评估 ……… 152

三、未来气候变化对区域及全国尺度玉米总产量的影响 …… 158

四、结论与建议 ……………………………………… 160

第三篇　未来布局及建议

第十章　中国玉米生态区未来气候变化下品种布局需求 …………………… 163

一、玉米种植分区及风险评估方法 ………………… 164

二、当前玉米种植区气象风险及品种特征分析 ………………… 171

三、玉米主产区未来气象风险及品种熟型需求 ………………… 177

四、未来品种布局建议 ………………… 188

参考文献 …………………………………………………………………… 190

第一篇
玉米生产与气候

　　气候因子中的光、热、水、空气等是农业生产系统中自然资源的重要组成部分，并且会影响土壤形成和特性以及种植区划与农作管理措施的效果，直接或间接影响农业生产及其稳定性，因此气候及其变化对农业生产的影响是政府决策部门和科学家都普遍关注的问题。玉米是世界粮食作物中种植和分布区域最广的作物之一，也是粮食、饲料、饮料、加工、能源多元用途作物。自2001年起玉米成为全球第一大作物，从南纬40°到北纬58°的地区均有种植，被誉为21世纪的"谷中之王"。气候与玉米生产的关系是气候系统多个因子与玉米生产系统协同作用的结果，自20世纪90年代气候变化被国际社会及科学家普遍关注以来，国内外研究人员针对气候变化对玉米生产的影响开展了大量的研究工作，以期为气候变化下作物生产的影响及适应和长期可持续发展提供综合策略。

第一章 中国玉米生产概况及气候资源需求

玉米于16世纪初传入我国，已有四百多年的种植历史。我国是世界主要玉米生产国之一，玉米常年播种面积和总产量均仅次于美国，居世界第二位。2008年，玉米成为我国种植面积最大的粮食作物；2012年起玉米总产量在我国粮食作物中位居第一。玉米是我国农业生产中发展最快的粮食作物，在我国的分布很广，大致形成了一个从东北到西南的狭长玉米种植带，纵跨寒温带、暖温带、亚热带和热带生态气候区：在东北地区主要种植春玉米、华北北部一般种植春玉米、黄淮海地区主要种植夏玉米、西南山地可种植春夏玉米、长江流域可种植秋玉米、在海南及广西可以种植冬玉米，是世界上唯一的春夏秋冬"四季玉米"之乡。

一、玉米生产概况

（一）玉米生产及其意义：营养价值、粮食安全

玉米学名为 *Zea mays L.*，属于禾本科玉米属，俗名玉蜀黍、苞谷等，现通称玉米。玉米原产于中美洲，是人类"超级"驯化的作物，哥伦布发现新大陆后，把玉米带到了西班牙，之后逐渐传到世界各地。由于具有很强的抗逆能力和广泛的适应性，玉米是世界上分布最广的作物之一。作为C_4植物，玉米具有光合效率高、光呼吸弱、CO_2补偿点低、维管束内有叶绿体且维管束发达的特点。由于光合作用效率高，因此同等条件下制造的光合产物多、生物产量高，有"高产之王"的美称。2001年世界玉米总产超过了水稻和小麦，成为全球第一大作物。

玉米用途广泛，全球玉米消费总量整体保持持续增长态势。2019—2020年全球玉米消费量更创历史新高，消费总量达到11.37亿吨。其中，作为饲料原粮消费7.05亿吨，占消费总量的62%；其余主要用于食用、种用和工业原料消费，工业消费约占30%，主要用于淀粉、燃料乙醇和深加工等，直接食用消费占比不足10%。无论是作为粮食、饲料或者工业原料，玉米在国计民生中都占据着非常重要的地位。

食用：玉米是世界上最重要的粮食作物之一，特别是在一些非洲、拉丁美洲国家。玉米营养丰富，蛋白质、葡萄糖、氨基酸、纤维素、碳水化合物、矿物质的含量几乎都位居五谷杂粮之首，玉米中富含维生素 E、卵磷脂、谷氨酸，营养成分优于稻米、薯类等，对人体健脑、抗衰老有良好作用，是粗粮中的保健佳品。每 100 克鲜玉米中的营养成分如表 1-1 所示。

表 1-1　每 100 克鲜玉米中的营养成分

指标	含量	指标	含量	指标	含量
热量	196 千卡	维生素 A	63 微克	钙	1 毫克
蛋白质	4 克	维生素 B_1	0.21 毫克	铁	1.5 毫克
脂肪	2.3 克	维生素 B_2	0.06 毫克	磷	187 毫克
碳水化合物	40.0 克	维生素 B_6	0.11 克	钾	238 毫克
胆固醇	0 克	维生素 B_{12}	15 微克	钠	1.1 毫克
膳食纤维	10.5 克	维生素 C	10 毫克	铜	0.25 毫克
胡萝卜素	0.34 毫克	维生素 D	0 微克	镁	96 毫克
烟酸	1.6 毫克	维生素 E	1.7 毫克	锌	0.9 毫克
叶酸	12 微克	维生素 K	1 微克	硒	1.63 微克
泛酸	1.9 毫克	维生素 P	0 微克		

资料来源：《玉米深加工技术》（尤新，2008）。

饲用：世界上大约 65％的玉米都用作饲料，发达国家的饲用率更高达80％。玉米籽粒可直接作为猪、牛、马、鸡、鹅等畜禽动物的饲料，随着饲料工业的发展，玉米仍然是浓缩饲料和配合饲料中的主要成分。玉米秸秆也是良好的饲料，特别是可以作为牛的高能饲料，可以代替部分玉米籽粒。玉米加工的副产品，如胚、麸皮、浆液等也是重要的饲料资源，在美国占饲料加工原料的 5％ 以上。

工业加工：玉米籽粒是重要的工业原料，主要用于制造淀粉及其他深加工产品，玉米深加工产品主要包括发酵制品、淀粉糖、多元醇和酒精类产品等四大类，具体可细分为淀粉、变性淀粉、淀粉糖、山梨醇、酒精、淀粉塑料、高吸水性树脂、玉米胚油、食用蛋白粉、谷氨酸、醇溶蛋白、玉米黄色素及蛋白饲料等二三百种产品，在食品、化工、发酵、医药、纺织、造纸等工业生产中应用广泛；另外，玉米穗轴可生产糠醛，玉米秸秆和穗轴可以作为食用菌的栽培基质原料，苞叶可用来编织手工艺品。

（二）世界玉米生产概况

作为分布最广的粮食作物之一，从低于海平面 20 米的盆地一直到海拔 4 000 米的高原，除南极洲外，世界六大洲都有玉米种植。玉米种植的南界在南纬 35°～40°，北界为北纬 45°～50°，饲用玉米可以在北纬 58°～60°的地区种植，主要集中在北半球温暖地区，即 7 月份等温线在 20～27℃、无霜期在 140～180 天的区域范围内。世界上最适宜种植玉米的地区有美国中北部的玉米带、亚洲的中国东北平原和华北平原、欧洲的多瑙河流域和中南美洲的墨西哥及秘鲁等地。

在世界种植玉米的国家有 100 多个，种植面积最大的是北美洲，其次是亚洲、非洲和拉丁美洲，其中美国、中国、巴西、阿根廷、墨西哥等国是玉米主要生产国。在 2002/2003 至 2020/2021 期间，世界玉米收获面积由 13 729.30 万公顷增至 19 238.20 万公顷，增幅 40.1%；单产由 4.39 吨/公顷增加至 5.79 吨/公顷，增幅 31.9%；产量由 6.03 亿吨增加至 11.14 亿吨，总增幅 84.7%。美国农业部预测 2021/2022 年度全球玉米产量将达 12.09 亿吨。

当前全球玉米生产呈现分散分布发展趋势，世界玉米生产格局正在发生改变。美国农业部发布的数据显示，虽然美国是世界最大玉米生产国，但美国玉米产量占世界玉米产量的份额已由 2002/2003 年度的 37.8% 下降到 2019/2020 年度的 31.3%；而以巴西、阿根廷为主的南美洲国家，以及以乌克兰为主的黑海地区国家的玉米生产所占份额上升趋势明显。2019 年，巴西玉米单产同比增长 15.6%，阿根廷玉米单产增加 35.1%，乌克兰玉米单产增长 44.1%。巴西、阿根廷玉米产量占世界玉米产量的份额由 2002/2003 年度的 7.4%、2.6% 上升到了 2019/2020 年度的 9.1%、4.5%；乌克兰则由 2002/2003 年度的 0.7% 上升到了 2019/2020 年度的 3.2%。

目前，世界玉米总供给整体大于总需求，供需格局向宽松状态转变：2002/2003 至 2011/2012 年度玉米产量与消费量基本持平，库存/消费比呈波动下降趋势；2003/2004、2006/2007、2010/2011、2011/2012 年度库存消费比甚至低于联合国粮农组织确定的 17% 警戒线水平；2019/2020 年度世界玉米库存/消费比 27.9%，处于较高水平，供需维持宽松格局。未来随着全球人口增长和经济发展，世界玉米消费量将不断增长，对玉米的需求将更加强劲。

（三）中国玉米生产概况

我国是世界玉米生产大国，玉米种植面积居全球首位，2019 年玉米种植面积占全球玉米种植总面积的 22%，总产量居全球第二位，约占全球总产量的 25%。中国玉米产区的生态条件如表 1－2 所示。

1. 玉米种植分区

玉米是我国三大主粮作物之一，31 个省区均有玉米种植。主要分布在东北、华北和西南地区，形成一个从东北到西南的狭长玉米种植带，集中了中国玉米种植总面积的 85% 和产量的 90%。按照各地农业自然资源特点、玉米种植制度的特点以及玉米在粮食作物中的地位、比重及发展前景等因素，佟屏亚（1992）主编的《中国玉米种植区划》一书中把中国玉米种植区划分为 6 大产区，分别是北方春播玉米区、黄淮海春夏播玉米区、西南山地丘陵玉米区、南方丘陵玉米区、西北灌溉玉米区和青藏高原玉米区。

（1）北方春播玉米区。包括黑龙江、吉林、辽宁、内蒙古、宁夏、山西北部、河北北部、陕西北部、甘肃东部地区。近 10 多年来，东北地区玉米生产发展迅速，种植面积总体上呈现快速增长趋势，2015 年达历史最高水平（2.77 亿亩*），2017 年之后在 2.5 亿亩左右波动，种植面积占全国总面积的 40% 左右、总产量占全国的 40%～45%，单产最高。其中东北和内蒙古地区是北方春玉米的主要种植。本区域无霜期 130～170 天，属寒温带湿润、半湿润带，冬季低温干燥，全年降水量 400～800 毫米，大部分地区温度适宜、日照充足，适合玉米生长，是我国玉米高产区和重要的商品粮基地。种植制度基本为一年一熟。

（2）黄淮海春夏播玉米区。该区位于北方春玉米区以南，淮河、秦岭以北，包括山东和河南全部、河北中南部、山西中南部、陕西中南部、江苏和安徽北部。该地区属温带半湿润气候，无霜期 170～220 天，年均降水量 500～800 毫米，主要集中在 6 月下旬至 9 月上旬，自然条件对玉米生长发育极为有利，是玉米集中产区。玉米播种面积稳定在 2.1 亿亩左右，占全国玉米面积的 30%～35%，总产量占全国的 35%～40%。由于气温高、蒸发量大、降雨较集中，该地区经常发生春旱夏涝，而且有风雹、盐碱、低温等自然灾害。本区地表水和地下水资源都比较丰富，灌溉面积占 50% 左右。栽培制度基本上是一年两熟，种植方式多样。

（3）西南山地丘陵玉米区。包括四川、贵州、广西、云南、湖北和湖南西部、陕西南部以及甘肃部分地区。玉米播种面积占全国播种面积的 15%～18%，总产量占全国的 13%～15%。该区属温带及亚热带湿润、半湿润气候，雨量丰沛，水热条件较好，但光照条件较差，有 90% 以上的土地为丘陵山地和高原。该区无霜期 240～330 天，年平均气温 14～16℃，年降水量 800～1 200 毫米，多

---

　　* 亩为非法定计量单位，1 亩≈667 平方米。

表1-2　中国玉米产区的生态条件

指标	北方春播玉米区	黄淮海春夏播玉米区	西南山地丘陵玉米区	南方丘陵玉米区	西北灌溉玉米区	青藏高原玉米区
海拔（米）	40~1 000	30~400	300~1 900	4~170	700~1 300	2 300~3 800
平均气温（90%置信区间）(℃)	6.9 (5.8~8.1)	12.6 (11.8~13.5)	15.4 (14.6~16)	18.2 (17.2~19.1)	7.5 (6.2~8.7)	2.1 (0.8~3.4)
温差（90%置信区间）(℃)	12.3 (11.8~12.9)	10.1 (9.3~10.9)	9.3 (8.8~9.8)	7.8 (7.1~8.5)	13.9 (13.2~14.6)	14.7 (13.8~15.5)
最热月平均气温（℃）	22.1	26	22.5	28	22.8	12.6
积温（≥0℃·天）大致范围	2 500~4 100	4 100~5 200	5 200~6 000	5 000~9 000	3 000~4 100	<3 000
积温（≥10℃·天）大致范围	2 000~3 600	3 600~4 700	4 500~5 500	4 500~9 000	2 500~3 600	<2 500
积温 平均（90%置信区间）大致范围	3 176 (2 943~3 409)	4 349 (4 103~4 596)	5 143 (4 847~5 439)	6 221 (5 844~6 598)	3 304 (3 024~3 584)	1 226 (946~1 505)
日照（小时）大致范围	2 600~2 900	2 100~2 700	1 200~2 400	1 600~2 500	2 600~3 200	2 500~3 200
日照（小时）平均（90%置信区间）	2 633 (2 480~2 785)	2 360 (2 098~2 623)	1 576 (1 391~1 761)	1 848 (1 591~2 104)	2 930 (2 783~3 078)	2 750 (2 592~2 908)
无霜期平均（玉米种植区范围，天）	124 (130~170)	212 (170~220)	258 (240~330)	274 (250~365)	155 (130~180)	83 (110~130)
降水量（毫米/年）大致范围	400~800	500~800	800~1 200	1 000~2 250	200~400	300~650
降水量（毫米/年）平均（90%置信区间）	469 (383~555)	678 (535~820)	1 204 (1 055~1 354)	1 421 (1 208~1 634)	119 (71~166)	338 (237~439)
气候特征	寒温、半湿润	暖温、半干、半湿	温暖、湿、亚热、湿、半湿	暖热、湿	温、寒、极干旱	高寒、干旱
灌溉条件	旱地为主	水浇地与旱地并重	补灌和雨养旱作并重	水田为主	水浇地为主	旱地为主
主要种植制度	玉米单种或同作、套种，一熟	小麦、玉米套种，或复种，二熟	小麦、玉米、薯类复种套种，多熟	双季玉米或多季玉米、复种多熟制，多熟	春玉米单种或间套种、部分复播，一熟为主	春玉米单种，一熟

资料来源：李少昆，玉米高产潜力·途径，2010。

集中在 4 月至 10 月,有利于玉米的多样化栽培。在山区主要实行玉米和小麦、甘薯或豆类作物间套作,高寒山区只能种一季春玉米。

(4)南方丘陵玉米区。该地区包括广东、海南、福建、浙江、江西、中国台湾、江苏和安徽南部、广西、湖南、湖北东部。是中国水稻的主产区,玉米种植面积较小,且在灌溉条件较差的贫瘠旱地上,每年种植面积占全国总面积的 4%~5%,产量占 3%~4%。本地区的气候条件更适合种植水稻,玉米种植较少且种植面积不稳定。但该地区发展秋冬玉米生产的条件较好、潜力很大。

(5)西北灌溉玉米区。包括新疆、甘肃的河西走廊以及宁夏河套灌区,占全国玉米种植面积的 3%~4%,产量占 4%~5%。本区为大陆性干燥气候带,无霜期一般为 130~180 天,日照充足、每年日照时数 2 600~3 200 小时,热量资源丰富,昼夜温差大;但气候干燥,全年降水量不足 200 毫米。本区种植业的特点是农业灌溉系统较发达,高产农业也主要依赖灌溉,灌溉农作物的产量水平较高。随着农田灌溉面积的增加,本区玉米种植面积逐渐扩大。

(6)青藏高原玉米区。包括青海和西藏,是我国重要的牧区和林区,玉米是本区新兴的农作物,栽培历史较短,种植面积较小。

2. 玉米生产发展趋势

近 30 年来,我国玉米播种面积与玉米产量呈不断增长之势。2002 年玉米种植面积超过小麦,2007 年超过水稻,成为我国种植规模最大的粮食作物;1998 年玉米总产量稳定超过小麦,2012 年超过水稻,成为我国第一大粮食作物。2004—2020 年我国粮食生产"十七连增"中,玉米对粮食总产量增量的贡献率高达 63.5%,对保障国家粮食安全发挥了重要作用。

2015/2016 年度,中国玉米播种面积为 4 496.8 万公顷,占粮食总面积的 33.6%,产量增加到 26 499.2 万吨,占全国粮食总产量的 36.1%。自 2016 年开始,中国玉米播种面积和总产量开始出现下降,2020 年玉米播种面积为 4 126.4 万公顷,产量为 26 067 万吨,较 2015 年和 2016 年分别减少了 370 万公顷和 432 万吨,但 2020 年国内玉米单产为 6.32 吨/公顷,较 2016 年提高了 5.86%。2021 年我国玉米总产量 2.73 亿吨,比上年增加 12 万吨,增幅 4.7%;玉米播种面积 4 332.4 万公顷,比上年增加 206 万公顷,增幅 5.0%;单产 6.29 吨/公顷,较上年略有下降。

随着国内居民收入水平提高,我国玉米总需求将保持稳定增长态势。从过去 10 年趋势来看,我国玉米年均需求增长 3%左右,从 2016/2017 年度开始,玉米消费量高于生产量,产需缺口还有扩大趋势,2018 年我国玉米消费量 2.8 亿吨,其中饲用消费 1.87 亿吨,工业消费 7 300 万吨;2020 年中国玉米净进口量为 1 130 万吨。按目前消费增长趋势,预计 2025 年国内玉米总消费将达到 3.1 亿吨（《中国农业展望报告 2020—2029》）。如果 2025 年玉米种植面积稳定在 6.3 亿亩*左右，单产年增长率提高 2%，2025 年亩产达到 460 千克，总产量达到 2.9 亿吨，即能够实现我国玉米自给率 90% 以上。

虽然我国是玉米种植和总产大国，但与世界各国相比，我国玉米在市场竞争形势方面存在不足，主要体现在单产优势不明显、生产成本过高、机械化水平较低和品种质量较差等方面。根据联合国粮农组织的数据，2018 年我国玉米单产为 407 千克/亩，略高于阿根廷（406 千克/亩），但明显低于西班牙和美国，分别只有西班牙（795 千克/亩）和美国（791 千克/亩）的 51.1% 和 51.5%。我国玉米生产过程中人工投入过高，机械化水平不足，成本明显高于美国，且玉米商品品质的稳定性和一致性不高，市场竞争力弱。玉米单位产量的生产成本约是美国的 2 倍。2021 年 12 月 31 日，CBOT 玉米 3 月合约期价收盘于 593 美分/蒲式耳，折算到我国港口完税价格（1% 关税）为 2 489 元/吨，而当期广东港口玉米价格为 2 827 元/吨，差价 338 元/吨。因此，如何通过改进和提高技术措施提高我国玉米产品的国际竞争力是我国玉米产业发展面临的重要挑战。

二、玉米发育阶段及其生产管理要点

（一）玉米生育进程

玉米从播种到新的种子成熟为玉米的一生。玉米从播种至成熟所经历的天数，称为生育期。在玉米一生中依据植株形态学上的变化可划分为若干个时期（附图 1-2），外部形态特征发生明显变化，经历的主要生育时期有：

出苗期：种子发芽出土，幼苗高度达到 2 厘米。

三叶期：第三片叶露出心叶 2～3 厘米，是玉米离乳期。

拔节期：雄穗生长锥开始伸长，近地面手摸可感到有茎节，茎节总长达到 2～3 厘米，称为拔节。叶龄指数 30%～40%（叶龄指数 = 展开叶片数/叶片总数 × 100%）。植株生长由根系为中心转向茎、叶为中心。

大喇叭口期：该时期有 5 个特征：①棒三叶（果穗叶及其上下两叶）开始甩出而未展开；②心叶丛生，上平，中空，侧面形状如同喇叭；③雌穗进入小花分化期；④最上部展开叶与未展叶之间，在叶鞘部位能摸出发软而有弹性的雄穗；⑤叶龄指数为 60% 左右。生产上常用大喇叭口期作为施肥灌水的重要标志，是玉米一生最重要的管理时期。

---

　* 亩为非法定计量单位，1 亩≈667 平方米。

抽雄期：雄穗尖端从顶叶抽出时，即天花露出可见，称为抽雄。叶片全部展开，叶龄指数达到 100%。

吐丝期：雌穗花丝自苞叶抽出。

灌浆期：籽粒开始积累同化产物，在吐丝后 12～15 天。

乳熟期：籽粒开始快速积累同化产物，在吐丝后 25～30 天。

蜡熟期：籽粒开始变硬，在吐丝后 35～40 天。

完熟期：果穗苞叶枯黄松散，籽粒达到生理成熟，尖冠出现黑层，乳线消失，干燥脱水变硬，呈现本品种固有的色泽、质地，称为成熟。在吐丝后 45～60 天。

(二) 玉米生产管理要点

在玉米一生中，按形态特征、生育特点和生理特性，可分为 3 个不同的生育阶段：苗期、穗期和花粒期。在不同生长发育阶段中，玉米生育特点不同，主攻目标和田间管理的侧重点也不相同，如表 1-3 所示。

1. 苗期阶段（播种至拔节）

种子的萌芽过程是先发根后发芽，条件适宜时播后 2～3 天主胚根首先突破种皮，向下生长；再过 1～2 天，胚芽也向上伸长，并产生 3～7 条侧生胚根；凭借根茎的强大伸长能力，播后 6～7 天，胚芽破土而出，真叶透出胚芽鞘，迅速展开并进行光合作用。从播种到出苗需要 6～15 天。出苗至拔节需要 20～30 天。

2. 穗期阶段（拔节至开花）

玉米展开 6 片叶时，所有叶片都已分化完成，开始拔节，这时候，幼苗已具有 4 层（16～20 条）次生根和比较大的叶面积，吸收肥水和光合作用能力大为增强，生育速度显著加快。大约在一个月内，茎秆就由地表一直伸长到 250 厘米左右，干物质重增加 20～30 倍，要求有充分的肥水供应，特别是第 12～13 片叶展开后的大喇叭口期，是雌穗小穗小花分化和雄穗花粉形成的重要阶段，上部叶片和节间生长迅速而集中，对肥水条件反应非常敏感，应该肥水齐攻。

3. 花粒期阶段（开花至完熟）

从抽雄到籽粒成熟这一段时间，玉米营养生长趋于停止，转入生殖生长为中心的时期。该阶段玉米生育特点是：茎、叶基本停止增长，雄花、雌花先后抽出，接着开花、受精，胚乳母细胞分裂，籽粒灌浆充实，直至成熟。这是玉米产量形成的关键时期，决定了粒数和粒重，一般春玉米 50～60 天，夏玉米 35～55 天。这一阶段田间管理的中心任务是保叶护根、防止早衰、促粒多和粒增重，保障供水，补追粒肥，完熟期适时收获，从而争取粒更多、粒更重，实现高产。

表 1-3 玉米不同生育阶段特点及管理要点

生育阶段	苗期阶段		穗期阶段		花粒期阶段	
生育时期	播种至拔节		拔节至开花		开花至完熟	
	播种-出苗	出苗-拔节	拔节-大口	大口-开花	开花-灌浆	灌浆-完熟
历时（天）	春玉米 35～45 夏玉米 20～30		春玉米 40～45 夏玉米 27～30		春玉米 50～60 夏玉米 35～55	
主要生育特点	种子的萌芽过程	长根、增叶、茎节分化。茎叶生长缓慢，根系发展迅速	茎、节间迅速伸长，叶片快速增大，根系继续扩展，雌雄穗迅速分化		开花、受精，胚乳母细胞分裂	籽粒灌浆充实
	营养生长		营养生长与生殖生长并进		生殖生长	
生长中心	种子萌发、出苗	根系生长为中心	根茎叶生长为中心	雌穗分化为中心	籽粒形成	籽粒灌浆充实
产量构成因素	决定亩穗数		决定粒数		决定粒数和粒重	决定粒重
管理要点	促根壮苗，达到苗早、足、齐、壮		促叶、壮秆，达到穗多、穗大		保叶护根，防止早衰，促粒多和粒重	
主要措施	打好基础，一播全苗；选用良种；适期、精细播种；及时补苗、定苗；防虫保苗；中耕"蹲苗"		肥水齐攻；及时治虫；拔除弱小株；中耕培土；打杈		保障供水，补追粒肥，完熟期收获	

资料来源：李少昆，玉米田间种植手册，2012。

（三）玉米生长发育的资源需求

1. 光照

光是光合作用的条件之一，直接影响农作物的光合作用效率，光主要通过光照强度、光质和光照时间影响植物生长。光照条件可明显改变作物的生长环境，进而影响光合作用、营养物质的吸收及其在植物体内的重新分配等一系列生理过程。一般而言，太阳辐射量决定一个地区作物生产的潜力和产量的高低，日照时数长的地区作物产量较高。玉米是短日照喜光作物，光饱和点远远超过其他作物，全生育期都需要充足的光照。生长期间光合作用有效辐射的水平可以显著地改变叶片的形态，以及生理生化等方面的性能。光照不足会延缓玉米叶片的出生速度，在低光照强度下的叶厚度仅为高光照强度下的50%。玉米的雄穗发育时期对弱光照非常敏感，弱光可导致雄穗育性退化，退化程度因光照强度大小而异。光照不足不仅减少干物质积累，还延缓抽雄吐丝日期，尤其是吐丝日期；在玉米的生殖生长阶段，入射光的减少会导致籽粒产量大幅降低。同时，光辐射的减少使得田间温度低、玉米生长弱，抗逆性降低，导致病虫害滋生蔓延，造成减产。

2. 温度或热量

温度是农作物生长的必要条件之一，各种农作物的正常生长发育都有一个最适温度、最低温度和最高温度的界限。在最适温度条件下，农作物生长发育迅速而良好；而在最低温度和最高温度下，作物会停止生长发育，只能维持生命。一般把这三个界限称为农作物的"三基点温度"。玉米是喜温作物，整个生育过程都要求有一定的温度保障，玉米不同生育时期对温度的要求不同（表1-4）。

表1-4　玉米不同生育时期的三基点温度

单位：℃

生育时期	下限	适宜	上限
苗期	8～10	25～30	35～40
拔节-抽雄	10～12	26～31	35～42
抽雄-开花	19～21	25～27	29～37
灌浆-成熟	15～17	22～24	28～30
全生育期	6～10	28～31	40～42

资料来源：郭庆法，中国玉米栽培学，2004。

某一品种整个生育期间所需要的活动积温（生育期内逐日≥10℃平均气温的总和）基本稳定。联合国粮农组织的国际通用标准将玉米熟期类型分为8组。我国生产上一般划分为早熟、中早熟、中熟、中晚熟和晚熟五类。北方春播玉米区以玉米单作、春播为主，限制玉米种植区域和种植方式的主要是温度条件，在前期是玉米出苗所需温度，要求5厘米土壤地温稳定在8～10℃。后期的生长温度限制因素是当地的初霜日。黄淮海地区的种植方式是小麦、玉米一年两作，限制玉米播种时间的是后茬小麦的播种要求。西南山地丘陵玉米区气候、地形、生态条件复杂，种植模式复杂多样，玉米以春播和夏播为主的同时还有秋播和冬播。

3. 水分

玉米需水量是指玉米生长期间在适宜的土壤水分条件下的棵间蒸发量与叶面蒸腾量的总和，是玉米本身生物学特性与环境条件综合作用的结果，在一定地区相同产量条件下，有一个相对稳定的数值，是玉米栽培管理制定灌溉制度和农田水利工程设计的依据。我国春玉米需水量为400～700毫米，夏玉米需水量在350～400毫米；春玉米需水高峰期为7月中旬至8月上旬，即拔节-抽穗阶段，日耗水量达4.5～7.0毫米/天；夏玉米需水高峰期为7月中下旬至8月上旬，同样在拔节-抽穗阶段，日耗水量达5.0～7.0毫米/天。春玉米和夏玉米生长期棵间蒸发量分别占需水量的50%和40%。平均而言，玉米每生产一克干物质所消耗的水分（蒸腾系数），一般在240～368，每生产1千克籽粒约耗水600千克左右。

玉米是需水量较多而又不耐涝的作物。玉米生长季正值雨季，在降水多且均匀的地区有时不需灌水，但多数情况下降雨少且分布不均，仍需给予补充灌溉。玉米生长期一般要求土壤相对湿度在50%～80%，过干或过湿都不利于玉米生长。土壤干旱级别如表1-5所示，生产上需视自然降水情况给予适当的补灌或及时排水，以获得高产。

表1-5　土壤干旱级别

时期	重旱	中旱	轻旱	适宜	过湿
作物生育期	土壤相对湿度<40%	40%≤土壤相对湿度<50%	50%≤土壤相对湿度<60	50%≤土壤相对湿度<80%	土壤相对湿度≥80%
非生育期	土壤相对湿度<30%	30%≤土壤相对湿度<40%	40%≤土壤相对湿度<50%		

资料来源：《农业速查速算手册》（刘光启，2008）。

注：土壤湿度是土壤的干湿程度，即土壤的实际含水量，可用土壤含水量占烘干土重的百分数表示：土壤含水量=水分重/烘干土重×100%。而土壤相对湿度是指土壤含水量与田间持水量的百分比，或相对于饱和水量的百分比。

作物生长干物质合成和积累的制造过程——光合作用，其需要生长环境中保持一定浓度的CO_2，具体光合作用过程及大气CO_2浓度升高对玉米生长的影响将在本书第4章进行讨论。

玉米生长过程中，除了光温水热等资源，还需要从土壤中吸收氮、磷、钾等大量元素及各种中微量元素，生产管理过程中需要给予合理的施肥管理，以保证玉米的正常生长。

在多数情况下，玉米一生中吸收的养分，以氮为最多，钾次之，磷最少。

玉米对氮、磷、钾的吸收量，随产量的提高而增多。一般每生产 100 千克籽粒需纯氮 2.57～3.43 千克，纯五氧化二磷 0.86～1.23 千克，纯氧化钾 2.14～3.26 千克，其比例为 1∶0.36∶0.95。玉米在生育期对氮、磷、钾的吸收呈双峰曲线变化，氮、磷的吸收高峰都出现在小口期、大口期和灌浆期、蜡熟期，钾的吸收高峰略晚于氮和磷，分别出现在大口期、抽穗期和灌浆期、蜡熟期；喇叭口期是需肥关键期，水肥管理都需跟上，其中抽雄后吸收氮、磷、钾的数量约占全生育期的 40%～50%。

第二章　近55年中国玉米生态区气候变化时空特征

一、概述

同全球气候变暖的趋势一致，我国大部分地区近几十年来的气候变化也非常明显。基于均一化的气温观测序列数据显示，自1900年以来中国气温升高了1.3～1.7度/100a（严中伟等，2020），此值远高于早期气候变暖的升温幅度。此外，除全球变暖外，全球目前也正在经历一个变暗的过程（Wild，2012）。近几十年中国工业发展迅速，随之而来的大气污染加剧及气溶胶浓度升高，使中国变暗过程尤为明显（Qian et al.，2007），中国地区总辐射下降也为观测所证实（Chen et al.，2006）。在全球变化背景下，中国降水变化时空格局也发生了明显改变（任国玉等，2020）。玉米是我国最主要的粮食作物之一，玉米生产受温度、降水、辐射等气象因素影响十分严重（杨胜举等，2021；尹小刚等，2015；张继波等，2021）。分析历史气候变化背景下我国玉米生产区光温水等主要气象要素的时空变化特征，对于判别气候变化对玉米生产的影响并提出相应的栽培调控措施具有直接的指导意义。

迄今为止，以往气候变化影响评估方面的研究主要采用我国800多个基准气象台站的观测数据，这些台站大多为省级和地市级台站，气象数据的城市热岛效应较为明显（白杨等，2013），因此在表征农业生产区的具体气象条件方面代表性不足。此外，以往研究中关于光温水变化的描述多为气候学的年际或季节变化特征，针对作物生育期，特别是作物关键生育期的光温水变化特征研究较少。因此，本书拟利用我国2 400多家气象台站观测数据，对1961—2015年共55年间我国玉米主产区在玉米生育期及关键生育期内的气象要素时空变化特征进行分析，为全面了解我国过去55年间主要气象要素在玉米生长期的变化提供精细化分析。

二、近55年玉米生育期气候变化时空特征研究方法

（一）玉米生育期数字化过程

关于玉米生育期时间节点，本章主要以《中国主要农作物生育期图集》

（梅旭荣等，2016）中的玉米播种期、抽雄期及成熟期为参考，将其进行了数字化，利用 ArcGIS 平台确定春玉米及夏玉米生育期空间分布。在此基础上，利用平行等值线原理，创建了经纬度明确的空间任意台站玉米生育期查询功能软件。利用玉米生育期数字化查询软件，获取了 2 400 多家台站的春玉米及夏玉米生育期不同生长发育阶段的具体日期。

（二）气象台站及气象数据统计方法

玉米在全国范围内基本上都可进行种植，因此，本书对所有气象台站所代表的全国主要地区的玉米生育期气象要素特征进行分析。生产实践中，我国玉米生产相对集中，因此有总产水平较高的代表性主产区。

本章主要分析玉米全生育期（播种到成熟）内和关键生育期（抽穗到成熟）近 55 年来的气象要素特征，分别利用 2 400 多家台站统计分析了春玉米和夏玉米全生育期和关键生育期内的总辐射、平均气温、降水量三大要素的空间分布状况及在过去 55 年间的变化特征。时间变化特征由气象要素在 55 年间的线性变化斜率所确定。据此，统计分析了六大生态区（各区分布见第一章）玉米全生长期及关键生育期内 1961—2015 年总辐射、平均气温、降水量的空间分布状况以及时间演变特征。

本章在分析全国不同玉米生态区近 55 年气候变化特征方面，主要分六大区进行分析，六大区分布见附图 1-1。其中将附图 1-1 中面积较大的"北方春玉米区"再细分为本章所指的"北方"和"东北"两个亚区，将东三省单独区分出来；其余 4 区包括"西北区""黄淮海区""西南区""东南区"。附图 1-1 中的"青藏高原玉米区"由于玉米种植面积较小，本章未进行分析。

三、近 55 年玉米生育期气候变化时空特征

（一）近 55 年春玉米生长季气候变化时空特征

1. 近 55 年春玉米全生育期主要气象要素时空特征

（1）总辐射。我国春玉米生产过程中总辐射总体呈现北高［160～300 焦/（平方米·秒）］南低［110～240 焦/（平方米·秒）］的空间分布格局。总体而言，西北春玉米区辐射值较高，大多数站点的总辐射在 230～260 焦/（平方米·秒）。东北、北方春玉米区及黄淮海玉米区总辐射状况较好，这些产区的绝大多数站点总辐射值在 190～230 焦/（平方米·秒）。南部地区玉米生育期辐射则明显不足，东南春玉米区有一辐射低值区，此区大多数站点总辐射介于140～200 焦/（平方米·秒）（图 2-1）。

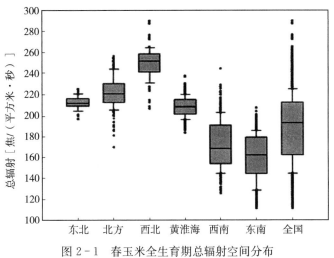

图 2-1　春玉米全生育期总辐射空间分布

就全国范围而言，近 55 年来春玉米生育期总辐射量变化在不同玉米产区差异明显，总体呈现下降趋势（附图 2-1、图 2-2）。总体而言，西南春玉米主产区总辐射变化不明显，而东北春玉米区总辐射则呈现略微下降趋势。北方、西北、黄淮海及东南春玉米产区总辐射总体呈现下降趋势，变化率介于每年−1.3～0.82 焦/（平方米·秒）。从全国范围看，总辐射呈现下降趋势，春玉米全生育期总辐射平均每年下降约 0.21 焦/（平方米·秒）。

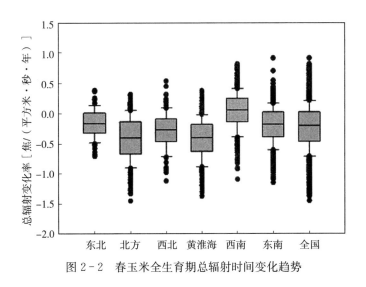

图 2-2　春玉米全生育期总辐射时间变化趋势

（2）平均气温。我国玉米种植区春玉米生产过程中平均气温主要在 15～

25℃，其中北方及东北春玉米产区气温较低，北方春玉米产区大多数站点生长期平均气温在15～21℃，东北春玉米产区大多数站点生长期平均气温处于19～22℃，生长期相对较长。黄淮海玉米区和东南、西南玉米区在春玉米生育期内的平均气温较高，大多数站点春玉米生长期内平均气温在22～24℃（图2-3）。

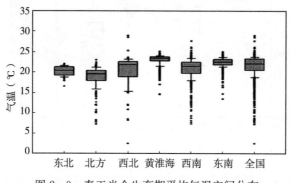

图2-3　春玉米全生育期平均气温空间分布

近55年来春玉米主产区生长期内平均气温呈现明显上升趋势（附图2-2），其中北方春玉米产区生长期平均气温升温幅度明显高于南方春玉米区，其中东北春玉米区玉米生长期内气温升高幅度尤为明显，大多数站点生长期内温度升高幅度在每年0.01～0.035℃。就全国范围而言，春玉米生长期内平均气温在55年间总体上平均每年上升0.01℃左右（图2-4），即每10年升高0.1℃。

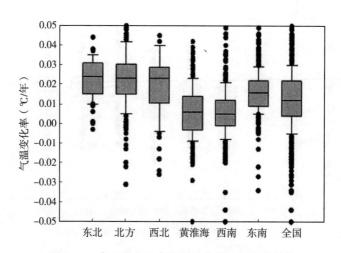

图2-4　春玉米全生育期平均气温时间变化趋势

（3）降水量。我国春玉米生长期内降水空间分布差异非常明显（图2-5）。西北春玉米区玉米生长期降水量极低，大多数站点在200毫米以下，而东南地区春玉米生育期大多数站点降水量在530~1 000毫米，明显高于其他产区。东北春玉米和黄淮海玉米区春玉米生长期降水量总体平均在400毫米左右，西南区春玉米生长期内降水量高于东北及黄淮海玉米产区，但明显低于东南春玉米产区（图2-5）。

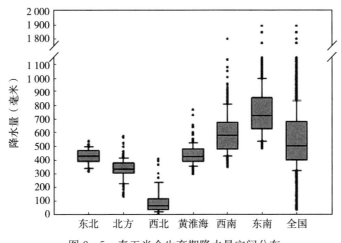

图2-5 春玉米全生育期降水量空间分布

从全国春玉米生育期内降水量变化趋势来看，近55年降水的变化非常复杂（附图2-3）。总体而言，西北春玉米产区大多数站点在春玉米生长期内降水量呈现增加趋势，有的站点每10年降水量增加接近20毫米，但在满足玉米生长的自然降水量方面依然差距较大。而东北春玉米区、北方春玉米区及黄淮海玉米区生长期内降水减少则较为明显，有干旱化趋势。西南玉米区及东南玉米区在春玉米生长期内部分地区降水明显增加，个别地区降水增加趋势超过每年5毫米，区域水平上整体变化趋势见图2-6。

2. 近55年春玉米关键生育期主要气象要素时空特征

（1）总辐射。在春玉米关键生育期（抽穗到成熟），西北地区总辐射［194~273焦/（平方米·秒）］明显高于其他地区，其中大多数站点关键期内总辐射量在210~255焦/（平方米·秒）。相对而言，西南玉米区及东南玉米区的南部，春玉米关键期内总辐射量仅在130~160焦/（平方米·秒），辐射量明显偏低。总体而言，在春玉米抽雄至成熟期，我国玉米产区总辐射空间分布为西高东低，西北、北方、东北春玉米区及黄淮海玉米区辐射状况较好，而西南、东南春玉米区关键期内总辐射明显较低（图2-7）。

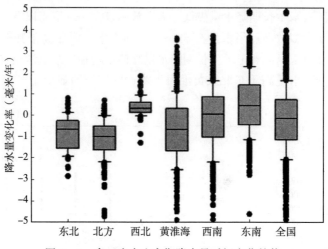

图 2-6 春玉米全生育期降水量时间变化趋势

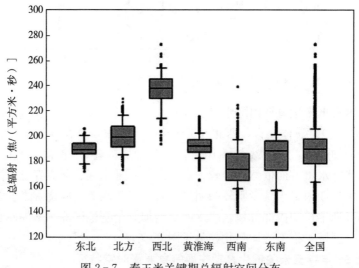

图 2-7 春玉米关键期总辐射空间分布

就全国范围而言，近 55 年来春玉米关键生育期内总辐射总体呈下降趋势，平均每年降低 0.28 焦/（平方米·秒）左右（图 2-8）。东北及西南春玉米区关键生育期内总辐射总体变化不明显，其他地区春玉米区关键生育期内总辐射总体呈下降趋势。北方、西北、黄淮海及东南产区大多数站点关键期内总辐射平均每年下降 0.3～0.4 焦/（平方米·秒）。

（2）平均气温。我国春玉米关键生育期内平均气温在 19～27℃

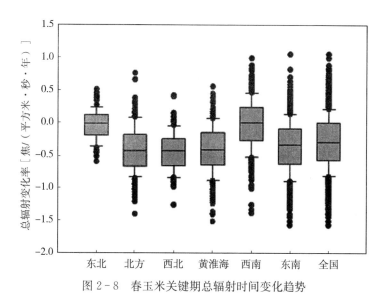

图 2-8 春玉米关键期总辐射时间变化趋势

（图 2-9）。其中，东北玉米区春玉米关键期内平均气温为 21.5℃；黄淮海玉米区春玉米关键期内平均气温较高，此区东部春玉米关键期内平均气温基本均在 26℃以上；西南玉米区的北部平均气温普遍高于南部；而东南玉米区关键期内平均气温明显高于其他玉米产区，其中 75% 的台站春玉米关键期平均气温高于 26℃。

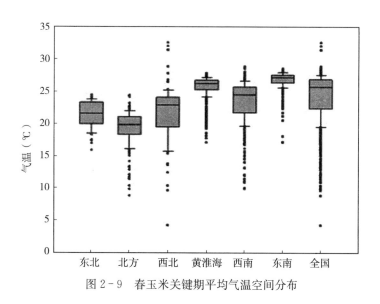

图 2-9 春玉米关键期平均气温空间分布

　　就全国大多数观测站点而言，近55年春玉米关键生育期内每年平均气温总体变化幅度在－0.0017～0.028℃（图2-10）。关键生育期内，除黄淮海玉米区总体平均气温变化趋势不明显外，其他产区均存在明显的增温趋势，其中东北春玉米区绝大多数站点在玉米关键期内平均气温普遍升高，区域平均每年升高约0.023℃。总体而言，东北、西北和北方春玉米关键期内平均气温上升幅度明显高于东南和西南产区。

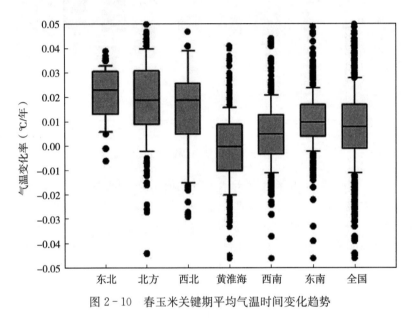

图2-10　春玉米关键期平均气温时间变化趋势

　　（3）降水量。从空间分布来看，我国春玉米关键生育期降水量以西北产区最低，西北春玉米产区大多数站点关键期内降水量不到100毫米，仅在个别站点的极个别年份关键期内降水量达到180毫米左右，远远不能满足春玉米生产的水分需求。东北和北方春玉米区关键生育期降水量大多在100～300毫米，明显低于黄淮海、东南及西南春玉米产区。东南和西南春玉米产区降水充沛，大多数关键期降水量达到230～440毫米，总体平均在300毫米左右（图2-11）。

　　近55年来，春玉米关键生育期内降水量变化明显，其中东北、北方和黄淮海区春玉米关键生育期内降水量普遍呈现减少趋势，东北和北方春玉米关键期降水量平均每年减少0.7毫米，而黄淮海春玉米关键生育期降水量平均每年减少大约1.0毫米。东南春玉米关键期内降水量普遍呈增加趋势，平均每年增加0.85毫米左右（图2-12）。

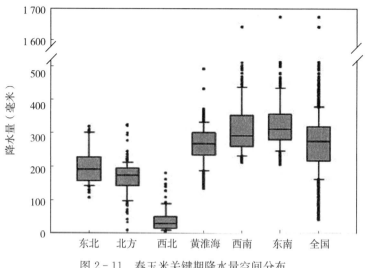

图 2-11 春玉米关键期降水量空间分布

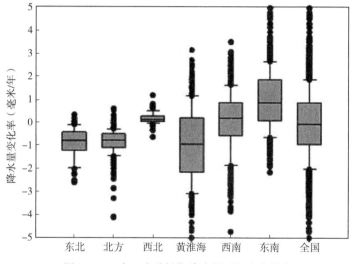

图 2-12 春玉米关键期降水量时间变化趋势

（二）近55年夏玉米生长季气候变化时空特征

1. 近55年夏玉米全生育期主要气象要素时空特征

（1）总辐射。在我国夏玉米主产区，黄淮海区夏玉米生长期内总辐射相对较高，区域平均值为190焦/（平方米·秒）。西南区夏玉米生长期内总辐射相对较低，近一半台站夏玉米生长期内的总辐射低于170焦/（平方米·秒）。东南区大多数站点夏玉米生长期内总辐射状况与黄淮海夏玉米区大多数站点的状况接近,但该区个别站点在个别年份夏玉米生长期内总辐射严重不足,有时甚至低于150焦/(平方米·秒)(图2-13)。

就全国范围而言,近55年夏玉米生长期总辐射变化趋势较为复杂,但总体呈现下降趋势(图2-14)。西南区夏玉米生长期内总辐射总体变化不大,而黄淮海区和东南区大多数站点夏玉米生长期内总辐射量明显降低,其中黄淮海区夏玉米生长期内总辐射平均每年降低0.45焦/(平方米·秒),而东南区夏玉米生长期内总辐射平均每年下降0.51焦/(平方米·秒)。与此相反,西南区有近40%的台站夏玉米生长期总辐射有上升趋势,其中个别台站生长期内总辐射平均每年增加0.45~0.85焦/(平方米·秒)(图2-14)。

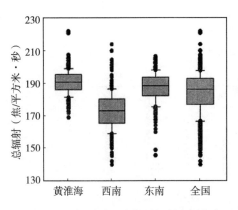

图2-13 夏玉米全生育期总辐射空间分布

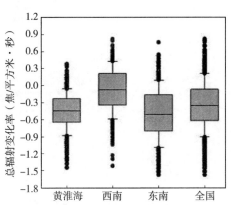

图2-14 夏玉米全生育期总辐射时间变化趋势

(2)平均气温。就全国范围而言,夏玉米产区90%的台站在夏玉米生长期内的平均气温在22~27℃,生产中黄淮海区夏玉米生长期内的平均气温主要在23~26℃。东南区夏玉米生长期内平均气温较高,大部分站点平均气温在26℃以上,整体平均气温为26.8℃(图2-15)。

近55年来,夏玉米生长期内平均气温总体表现为略有升高趋势,各区域平均的升高幅度较为一致,平均每年上升约0.003 8℃,其中90%的站点平均气温变化幅度在每年-0.01~0.02℃(图2-16)。

(3)降水量。从空间特征来看(图2-17),黄淮海区夏玉米生长期内降水量相对较少,大多数站点夏玉米生长期内降水量在320~520毫米,平均约为390毫米。相比较而言,西南区夏玉米生长期内降水资源较为丰富,90%的站点在夏玉米生长期降水量在460~780毫米,其中近一半的站点生长期内降水量在600毫米以上。东南区夏玉米生长期内降水量介于黄淮海区和西南区之

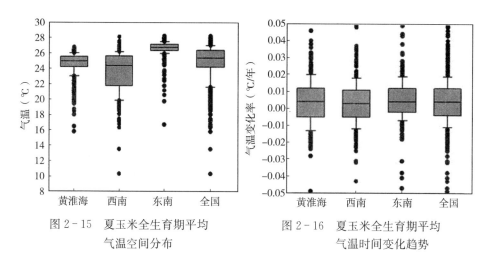

图 2-15　夏玉米全生育期平均　　　　图 2-16　夏玉米全生育期平均
气温空间分布　　　　　　　　　　气温时间变化趋势

间，区域平均为 590 毫米左右。

从全国范围看，近 55 年夏玉米生长期内降水量增加和降低的站点几乎各占一半，其中黄淮海区夏玉米生长期内降水量总体呈现减少趋势，平均每年减少 0.9 毫米；相对而言，东南区夏玉米生长期内降水量呈增加趋势，平均每年增加 1.3 毫米；西南区大部分站点的降水量在夏玉米生长期内变化较小（图 2-18）。

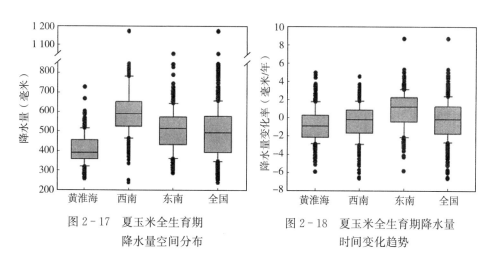

图 2-17　夏玉米全生育期　　　　　图 2-18　夏玉米全生育期降水量
降水量空间分布　　　　　　　　　时间变化趋势

2. 近 55 年夏玉米关键生育期主要气象要素时空特征

（1）总辐射。我国夏玉米产区关键期 90% 的站点总辐射量在 169～186 焦/（平方米·秒），其中黄淮海区、西南区夏玉米关键生育期总辐射大致相当，区域平均值都在 175 焦/（平方米·秒）左右（图 2-19）。相对而言，东南区夏玉米在关键生育期的总辐射则较高，区域平均为 185 焦/（平方米·秒）。

近 55 年来夏玉米关键生育期总辐射总体呈下降趋势（图 2-20），全国平均每年下降 0.4 焦/（平方米·秒），不过不同地区下降数值不尽相同。黄淮海区夏玉米关键生育期总辐射总体呈下降趋势，大多数站点夏玉米关键期总辐射每年下降 0.05～0.85 焦/（平方米·秒）（图 2-20）；东南区 90% 的站点在夏玉米关键生育期总辐射呈下降趋势，区域平均每年下降 0.65 焦/（平方米·秒）；西南大部分站点夏玉米关键期总辐射有下降趋势，但有约 35% 的站点夏玉米关键生育期总辐射表现为增加趋势，其中个别台站在夏玉米关键期总辐射每年增加 0.45～0.9 焦/（平方米·秒）。

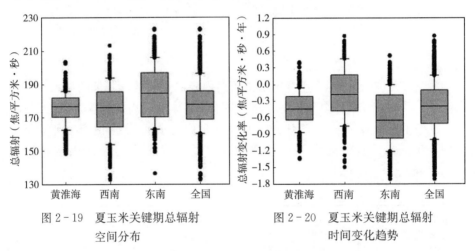

图 2-19　夏玉米关键期总辐射　　　图 2-20　夏玉米关键期总辐射
　　　　　空间分布　　　　　　　　　　　　时间变化趋势

　　（2）平均气温。近 55 年来全国夏玉米关键期平均气温主要在 20.5～27.5℃（图 2-21）。黄淮海区夏玉米关键发育期内平均气温在 21～25℃，区域平均为 23.3℃。西南区夏玉米关键期平均气温高于黄淮海区；而东南区夏玉米关键期内平均气温则普遍更高，90% 的站点在夏玉米关键生育期的平均气温为 24～28.5℃，区域平均为 26.6℃（图 2-22）。

　　近 55 年来，在夏玉米产区，黄淮海区夏玉米在关键生育期的平均气温总体呈现略微上升趋势，而东南区夏玉米关键期内平均气温则总体呈略微下降趋势（图 2-22）。就全国而言，夏玉米关键生育期平均气温升温站点和降温站点基本各占一半，总体升温趋势并不明显。

　　（3）降水量。近 55 年来全国夏玉米关键生育期降水量空间分布差异明显（图 2-23）。黄淮海区和东南区在夏玉米关键生育期降水量相对较少，黄淮海区该时段降水量在 120～195 毫米，东南区夏玉米关键生育期降水量在 75～

195毫米，这两个地区夏玉米关键生育期降水量均值都在140毫米左右。西南区在夏玉米关键生育期降水量相对较高，区域平均为210毫米（图2-23）。

从变化趋势看，近55年来东南区在夏玉米关键期内的降水量总体保持不变，而黄淮海区和西南区在夏玉米关键生育期降水量呈略微减少的趋势（图2-24）。全国平均而言，夏玉米关键生育期降水量略有降低趋势，平均每年降低0.25毫米。

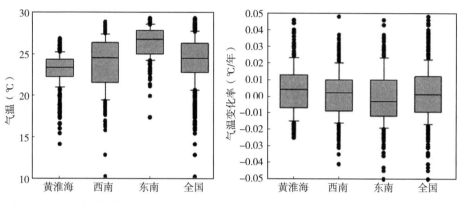

图2-21　夏玉米关键期平均气温空间分布　　图2-22　夏玉米关键期平均气温时间变化趋势

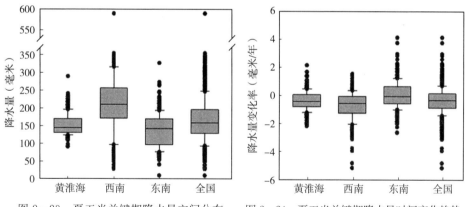

图2-23　夏玉米关键期降水量空间分布　　图2-24　夏玉米关键期降水量时间变化趋势

四、本章主要结论

本章详细分析了我国2 459家气象台站近55年来春玉米和夏玉米全生育期及关键生育期主要气象要素时空特征，整体表现为平均气温普遍升高、辐射略有下降、降水量各地区表现不同。具体总结如下：

（1）我国春玉米生育期总辐射总体表现为西北地区高、东南地区低的特征。近55年春玉米生长期总辐射整体呈下降趋势，平均每年下降约0.21焦/（平方米·秒），而西南区总辐射变化不明显、东北区总辐射则呈现略微下降趋势。近55年来春玉米生育期内平均气温呈明显上升趋势，平均每年升高0.01℃左右。西北春玉米产区大多数站点在春玉米生长期内降水量呈现增加趋势，而东北、北方春玉米区及黄淮海玉米区有干旱化趋势。

（2）我国春玉米在抽雄至成熟的关键生育期，总辐射量的地理空间为西高东低，近55年来呈下降趋势、平均每年降低0.28焦/（平方米·秒）左右。近55年春玉米关键期内平均气温总体变化幅度在每年-0.001 7~0.028℃，东北、西北和北方地区春玉米关键生育期内平均气温上升幅度明显高于东南和西南区。55年来春玉米关键期内降水量变化明显，其中东北、北方和黄淮海春玉米关键期内降水量普遍呈现减少趋势，而东南春玉米关键期内降水量普遍呈增加趋势，平均每年增加0.85毫米左右。

（3）夏玉米生育期内，黄淮海主产区总辐射相对较高，总体平均为190焦/（平方米·秒）；西南区夏玉米生长期内总辐射相对较低，近一半台站夏玉米生长期内的总辐射低于170焦/（平方米·秒）。近55年夏玉米生长期内总辐射变化趋势复杂，但总体呈现下降趋势。夏玉米生长期内平均气温总体略有升高、平均气温每年上升约0.003 8℃，90%站点变化幅度在每年-0.01~0.02℃。夏玉米生育期降水量空间分布为黄淮海区相对较少且总体呈下降趋势；西南区降水资源丰富且近55年变化不大；黄淮海区和东南区降水量有增加趋势。

（4）我国夏玉米生育期内90%站点关键期总辐射在169~186焦/（平方米·秒），其中黄淮海区和西南区较低、东南区较高；近55年平均每年下降0.4焦/（平方米·秒）。全国夏玉米关键生育期平均气温主要在20.5~27.5℃，近55年升温站点和降温站点基本各占一半，总体升温趋势不明显。夏玉米关键生育期降水量空间分布差异明显、区域均值在150~210毫米，其中黄淮海区和东南区较低、西南区较高；近55年略有降低趋势，平均每年降低0.25毫米。

第三章 中国玉米生态区未来气候情景变化特征

全球气候变暖这一事实已为科学界所证实，在当前能源结构和社会经济发展条件下以及未来不同温室气体浓度排放路径下，未来全球气候也将继续呈现不同的表现，按照当前全球能源结构及温室气体排放控制速率，21世纪末全球气温平均升高1.5℃将不可避免，巴黎协定所期待的将全球气温平均升温幅度在21世纪末控制在2℃范围内的目标任务也较为艰巨（IPCC，2021）。

全球气候变化引起的气温升高、辐射减少与降水格局变化导致了农业气候资源和农业气候灾害的空间变化，中国是全球气候变化的敏感区和影响显著区，在过去的70年里升温速率高于全球平均水平（中国气象局气候变化中心，2021），对我国粮食生产系统产生了重要影响。因此，明确未来我国粮食主产区的气候变化特征是我国农业领域气候变化评估工作的关键内容。

玉米是我国种植面积和总产量第一的农作物，在保障国家粮食安全中占有重要地位，研究气候变化对玉米生产系统的影响对稳定粮食安全具有深远的意义，但在玉米气候变化与影响评估中，目前的研究还存在较大不足，其中一个主要方面就是欠缺针对性强的、对高分辨率的未来气候情景信息的精细化系统分析。因此，本章利用区域气候模式生成中国未来高分辨率格点尺度气候情景数据并对其进行订正，在此基础上，根据不同种植区玉米的生产特性，对各玉米生态区的光热水等气候资源变化特征开展精细化分析，并为后面章节作物模型评估提供数据支撑。

一、未来气候情景数据降尺度方法

（一）气候数据降尺度概念和方法

未来气候变化情景预估是气候变化影响与适应评估工作的基础，目前气候模式是预估未来气候变化的一种有效工具，常用的方法之一是利用全球气候模式（GCM - Global Climate Model）通过气候模拟和数值试验，预估各种排放情景下的未来气候变化信息。气候模式的预估原理是利用物理方程描述气候系统，通过数值方法对其求解，从而得到未来的变化结果。目前世界各国已发展了多个全球气候系统模式。GCM 能够较好地模拟出大尺度的气候平均特征，但水平分辨率通常比较低，一般为几百千米，无法很好地对与复杂地形和陆面等密切相关的局地气候特征予以精确描述。一般有三种方式解决这一问题，一种是提高 GCM 的空间分辨率，但是需要的计算量非常大，且模式分辨率不能无限制增加；其二是采用变网格方案，提高所关心区域的分辨率，同时对其他地区采取相对较低的分辨率；其三是引入降尺度技术。现有的降尺度技术包括统计降尺度与动力降尺度两大类，区域气候模式（RCM‑Regional Climate Model）属于后者，是目前较为常用的区域化技术。GCM 的动力降尺度以较低分辨率的 GCM 模拟结果作为初始场和边界条件，嵌套区域气候模式，运行获得高分辨率的降尺度结果。动力降尺度可以捕捉到较小尺度的非线性作用，得到相对可靠的区域模拟结果，能够有效弥补 GCM 分辨率不足的缺陷，更细致地描述下垫面特征（例如，地形和海陆分布以及地表植被分布），更好地刻画气候的局地信息特征，从而改善气候模式对区域气候的模拟效果。RCM 在体现大尺度环流场的同时，通过对中小尺度地形、下垫面状况的强迫响应，可以给出更详细的局地气候及其变化信息。

本书采用英国国家气象局 Hadley 气候预测与研究中心的区域气候模拟系统 PRECIS，基于 IPCC 第五次评估报告（IPCC，2013）提出的不同代表性浓度排放路径情景（van Vuuren 等，2011a；2011b），选择了其中的中低排放情景 RCP 4.5 和高排放情景 RCP 8.5，对 Hadley 中心的地球系统模式 HadGEM2‑ES 输出结果进行动力降尺度，模拟中国 1971—2070 年的气候状况，获得 RCP 4.5 和 RCP 8.5 情景下中国区域高精度气候情景数据。HadGEM2‑ES 模式输出结果的水平分辨率为 $1.875° \times 1.25°$，经过降尺度后，气候情景数据的水平分辨率提高到 $0.5° \times 0.5°$。其中，RCP4.5 为采取一定程度温室气体排放控制措施下的情景模式，总辐射强迫在 2100 年之后稳定在 4.5 瓦/平方米（Thomson 等，2011）；RCP8.5 是无气候变化政策干预的排放情景，温室气体排放浓度不断增加，到 2100 年辐射强迫上升至 8.5 瓦/平方米（Riahi 等，2011）。

（二）降尺度效果检验

本书基于 PRECIS 产生的 RCP 4.5 和 RCP 8.5 情景下中国区域高精度气候情景数据，对当代多年模拟值和同期观测值在站点上进行了气候态和波动状况的对比分析，检验 PRECIS 动力降尺度的效果。

1. 数据介绍

检验的气候要素包含逐日的平均气温、最高气温、最低气温、24 小时累计降水量、平均相对湿度、小型蒸发量、平均风速和太阳总辐射。

模拟值为区域气候模拟系统 PRECIS 嵌套地球系统模式 HadGEM2 - ES 产生的 RCP 4.5 和 RCP 8.5 情景下高精度中国区域气候情景数据，数据网格的水平分辨率为 0.5°×0.5°，数据值为每个网格的平均值。

观测值来源于中国气象局中国地面气候资料日值数据集（V3.0）和中国辐射资料国际交换站日值数据集，包含了中国多个气象观测站的气温、降水量等日值数据。

用于比较的数据时段为 1986—2005 年（除太阳总辐射）或 1981—2000 年（太阳总辐射）。

2. 检验方法

模拟值与观测值进行比较时，所采用的资料水平分辨率不同，模拟值为均匀的 0.5°×0.5°网格点，而观测值为气象站点。观测资料站点分布疏密不均，如图 3 - 1 所示，东部观测站点较多，而西部尤其是青藏高原受各种条件所限，其观测站点分布较稀疏，观测资料的水平分辨率明显小于模拟值的网格点分辨率，因此将站点资料插值后得到的空间分布图在某些区域不一定能反映真实情况，比如在观测站点稀疏的区域，插值后描绘的空间分布图假若与模拟值的空间分布有明显差别，我们并不能确认是模拟结果出现问题。所以，为了更好地考察模式模拟真实气候的能力，我们采用选取距离所要考察的气象站点（后简称"考察站点"）最近的模式网格点的方式开展模拟值与观测值之间的——比较。

由于需要在时间、空间上分别对比和分析模拟值与观测值的差异，而气象站点资料在时间或空间上存在部分缺测、未经质量控制等问题，为了保证样本数量，我们针对每个要素统计各站点日值有效数据（非缺测并经过质量控制）超过 90% 的年份，将其作为有效年份。当该站有效年份≥90%（即 18 年）则取为该要素的考察站点。

根据模拟值的网格中心经纬度和气象观测站点的经纬度，计算模式网格点与各考察站点的距离，从而得到距离每个考察站点最近的模式网格点，据此提取——对应的模拟值序列与观测值进行比较。

对上述提取的模拟值和观测值序列，从多年平均值、空间相关系数、均方根误差等角度考察模式对当代气候态的模拟能力，从时间均方差、全国平均值的逐月 20 年平均、全国平均值时间趋势等角度考察模式对当代气候态波动状况的模拟能力。

3. 模式对当代气候要素模拟情况评估

1986—2005 年日平均气温、最高气温、最低气温、24 小时累计降水量、平均相对湿度、平均风速的观测值有效年份〔某站某要素的当年日值数据中有效数据（非缺测值并经过质量控制）超过 90%，则当年为该站该要素的"有

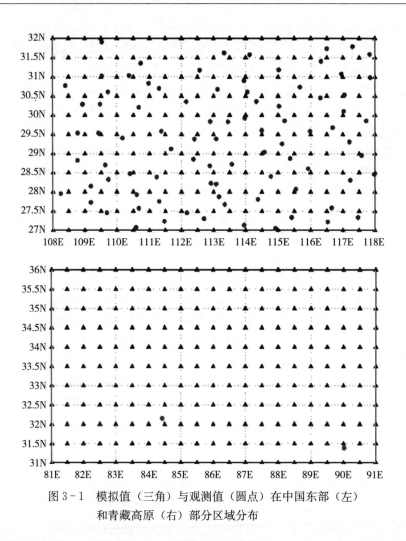

图 3-1　模拟值（三角）与观测值（圆点）在中国东部（左）
和青藏高原（右）部分区域分布

效年份"之一]≥90％（18 年）的观测站点数均为 818 站，小型蒸发量的有效站数（某站数据有效年份≥18 年则该站为有效站）为 814 站，1981—2000年太阳总辐射的有效站数为 630 站，取上述站点为考察站点。

　　图 3-2 为各要素模拟值和观测值在每个考察站点上的多年均值对比图，它可以反映模式对各要素气候平均态空间分布的模拟性能。可以看出，气温模拟效果最好，无论是日平均气温还是最高和最低气温，各考察站点的多年模拟均值与观测均值的站点序列折线几乎重叠；其次是 24 小时降水量和平均相对湿度，各考察站点的模拟均值与观测均值也非常接近；太阳总辐射和平均风速的模拟均值与观测均值在空间分布上很相近，但总体上模拟值略高于观测值；

日蒸发量在数值大小和空间分布方面，模拟值与观测值间的差异较大，模拟结果有待进一步改进。

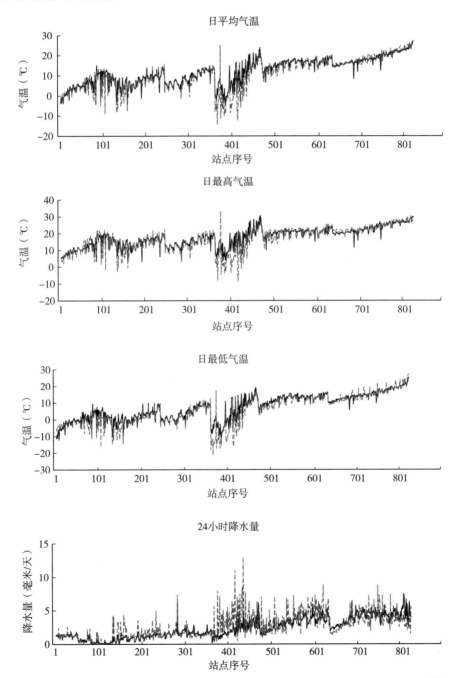

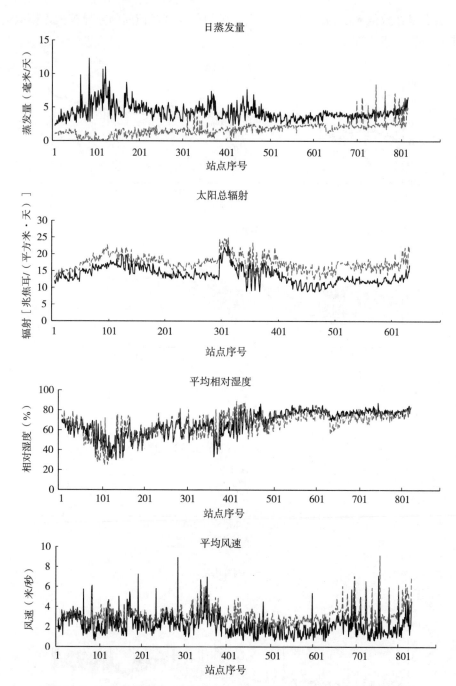

图 3-2　各站点模拟值（灰色虚线）与观测值（黑色实线）的多年平均

表 3-1 展示了各要素模拟值与观测值的统计参数比较，其中平均气温、最高气温、最低气温、平均相对湿度、蒸发量的模拟空间平均值小于观测均值，降水量、蒸发量、太阳总辐射和平均风速则相反。蒸发量模拟值远小于观测值。

表 3-1 各要素模拟值与观测值的统计比较

气候要素	考察站点多年平均值		模拟值与观测值的空间相关系数	模拟值与观测值的均方根误差/观测均值
	观测值	模拟值		
日平均气温（℃）	11.95	11.00	0.93	0.26
日最高气温（℃）	17.79	16.67	0.88	0.20
日最低气温（℃）	7.27	5.73	0.94	0.48
24 小时降水量（毫米）	2.35	2.66	0.68	0.60
日蒸发量（毫米）	4.30	1.74	−0.33	0.72
太阳总辐射 [兆焦/（平方米·天）]	13.56	17.36	0.80	0.30
平均相对湿度（%）	67.24	65.68	0.77	0.13
平均风速（米/秒）	2.22	3.13	0.56	0.58

以考察站点为样本序列，计算各气候要素多年模拟均值与观测均值的相关系数，以考察两者的空间分布差异，从表 3-1 可看出，除了蒸发量，其余要素的空间相关系数均为正值且远超过 99% 显著性临界值（约为 0.1），其中日最低气温和平均气温的空间分布模拟效果最好。蒸发量的空间相关系数为负值，表明模式未能模拟出蒸发量多年均值的空间分布。

同样以考察站点为样本序列，计算了模拟值与观测值多年均值的均方根误差与空间均值的比值，该比值代表了模拟值偏离观测值的相对大小。如表 3-1 显示，平均相对湿度的偏差最小，其次是最高气温，而蒸发量的偏差最大。

上述结果表明，除了蒸发量，其余各气候要素的气候态空间分布模拟效果良好。绘制空间分布图（图略）也可看出，年平均、冬季平均、夏季平均的模拟气温和降水气候态空间分布与观测值均非常相近。

图 3-3 为各站点模拟值与观测值的时间均方差，展示了各要素模拟值与观测值的年际波动幅度差异。气温的年际波动幅度模拟效果最好，其次是 24 小时降水量和平均风速，太阳总辐射和平均相对湿度的模拟年际波动幅度略高于观测值，而蒸发量的模拟年际波动幅度明显小于观测值，且波动幅度的空间分布也明显不同于观测分布。

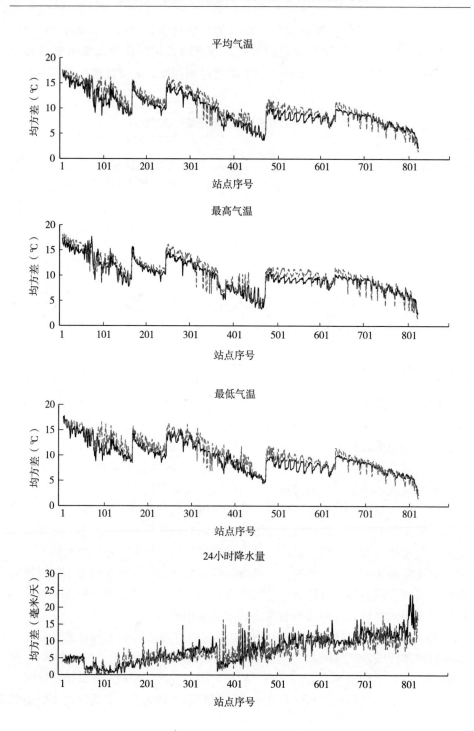

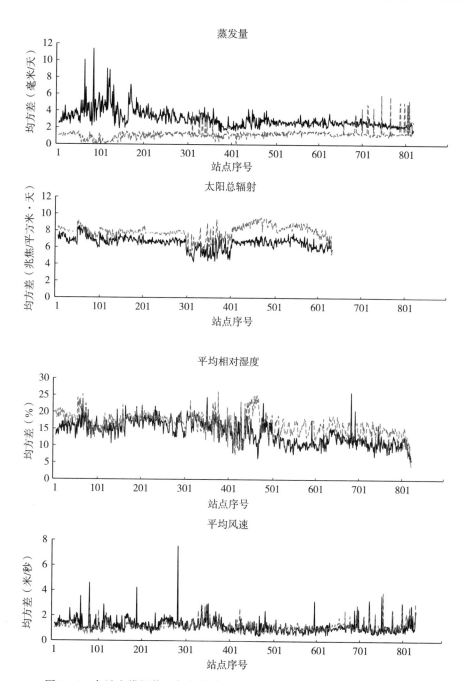

图 3-3　各站点模拟值（灰色虚线）与观测值（黑色实线）的时间均方差

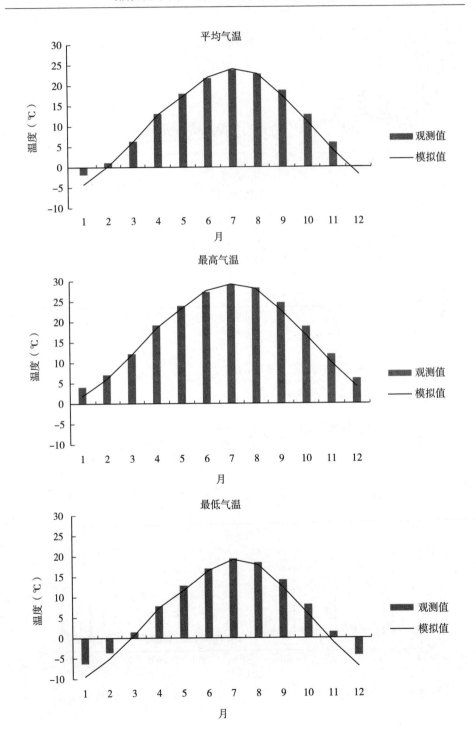

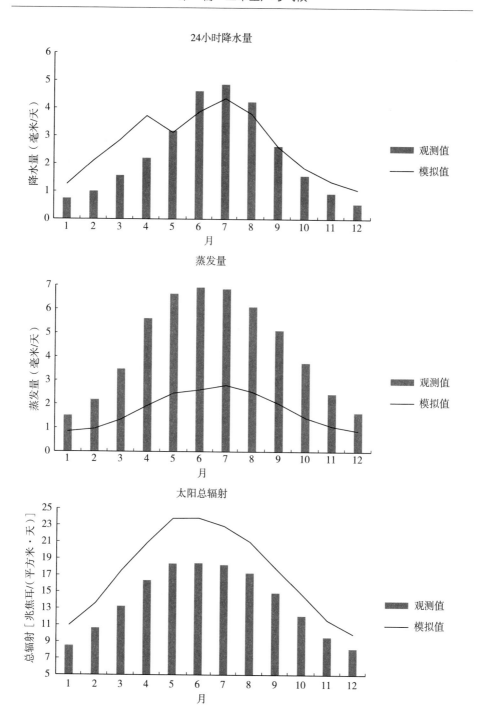

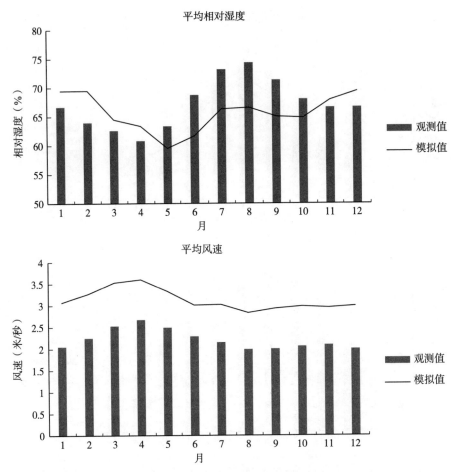

图3-4 模拟值（黑色折线）与观测值（灰色柱体）的逐月空间平均

图3-4展示了各要素所有考察站点平均的逐月模拟值与观测值，可以看出，气温模拟效果非常好，无论是逐月均值还是季节循环，三种气温的模拟值均非常接近观测值。降水的逐月模拟均值也与观测值较为相近，但季节循环稍差，其4月份模拟降水量偏高，与5月份降水量大于4月份降水量的实际情况相反。太阳总辐射与平均风速的季节循环模拟效果良好，但逐月均值存在系统偏高的问题。平均相对湿度的季节循环模拟效果尚可，而其逐月均值则为冷季偏高、暖季偏低。模拟蒸发量能展现冬季低夏季高的实际季节特征，但逐月均值明显偏低，尤其是夏季，模拟值不足观测值的一半。

图3-5为各要素模拟值与观测值空间平均值的线性趋势，总体上而言，模式模拟的各气候要素时间趋势与观测值相似，但均存在不同程度的系统偏差。

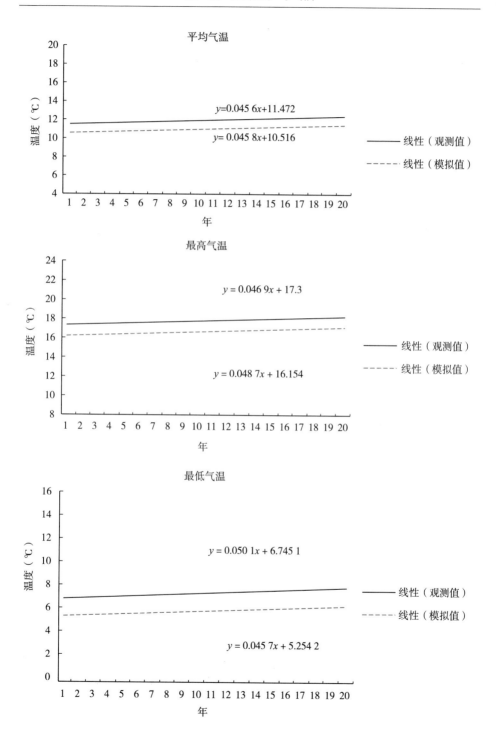

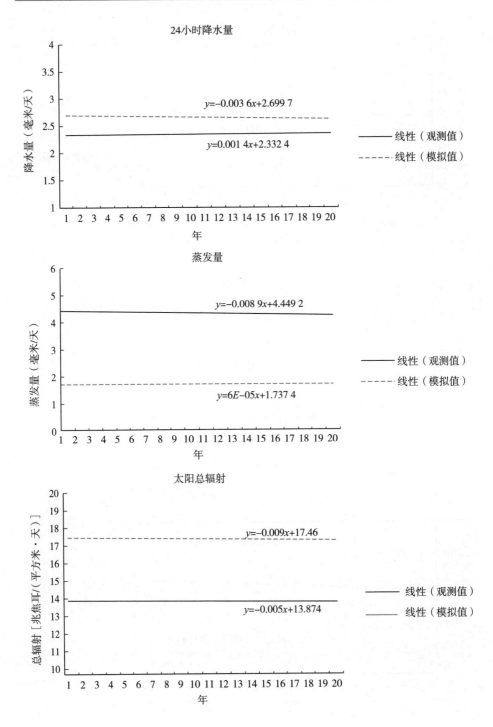

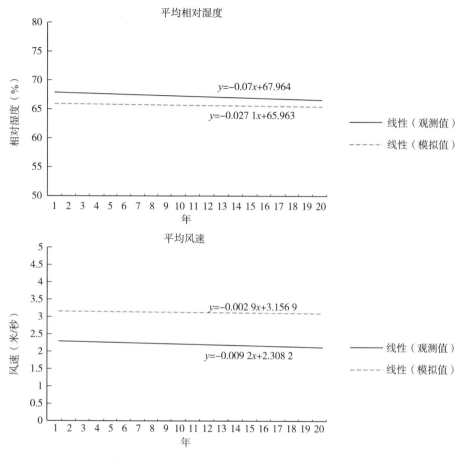

图 3-5 模拟值（虚线）与观测值（实线）空间平均值的线性趋势

综上可见，区域气候模拟系统 PRECIS 对中国区域当代气候的再现能力较好，主要要素的模拟效果良好，气候态空间分布、时间趋势、年际波动幅度、季节循环均与观测值相近，但各要素值都存在一定程度的系统偏差，需要经过订正方能应用于玉米气候变化试验和玉米影响评估模型中。

此外，蒸发量的模拟值与观测值有较大差异，因此蒸发量的模拟值在后续应用中不予考虑。

（三）降尺度结果订正

模拟效果验证分析表明，其对中国区域当代气候模拟效果良好，但存在一定的系统偏差，这种偏差如果输入到影响评估模型中很可能被非线性放大，产生巨大误差。因此，有必要对 PRECIS 输出结果进行订正，以便将其直接应用到影响评估工作当中。

本书利用平均态偏差订正方法，有针对性地开展玉米生产系统的关键气候影响要素（包含日平均气温、最高气温、最低气温、24 小时累计降水量、平均相对湿度、平均风速、太阳总辐射）的订正，为田间试验和玉米影响评估模型提供客观科学的基础数据支撑和气候参数解析。

1. 数据

收集可用于订正的基础数据，包括气象台站观测资料、NCEP/NCAR（National Centers for Environmental Prediction/National Center for Atmospheric Research）再分析资料、ECMWF（European Centre for Medium－Range Weather Forecasts）再分析资料、CRU（Climate Research Unit）数据、CN05.1 格点化观测数据等，进行对比分析，考虑其观测误差、分析误差等因素，结合数据在空间尺度、时间尺度、要素种类等各方面与 PRECIS 输出结果的匹配程度，选择了 1986—2005 年（以下简称为"气候基准时段"或"基准时段"）的 CN05.1 格点化观测数据和 2 459 个观测站太阳总辐射作为订正参考数据。其中 CN05.1 格点化观测数据集（吴佳和高学杰，2013）基于国家气象信息中心 2 400 余个全国国家级台站（基本、基准和一般站）的日观测数据，使用距平逼近法，由气候场和距平场分别插值后叠加得到；2 459 个观测站太阳总辐射基于中国气象局 2 459 个观测站的逐日日照时数资料，利用 a、b 系数推算太阳总辐射，其中日照时数缺测值均用 3 个邻近有效值采用距离加权平均的方法补充完整（He 等，2020；Liu 等，2012）。

CN05.1 格点化观测数据水平分辨率为 $0.25° \times 0.25°$，2 459 个观测站太阳总辐射为站点资料，PRECIS 输出值的水平分辨率约为 50 千米×50 千米，为了使几套数据在空间尺度上相匹配，我们将其统一插值到 $0.5° \times 0.5°$ 的网格上，插值方法为距离方向加权平均法。

2. 方法

订正方法如图 3-6 所示，可以简要概括为：对于每个订正要素，在每个模式网格点上，将气候基准时段的模拟值和同期观测值进行比较，得到二者之间的参数关系，将此关系应用到该格点该要素的所有逐日模拟值上获得订正值。

模拟值与观测值之间的参数关系有多种，如平均态的偏差关系、概率拟合的分布差异等，针对不同的应用目的，数据订正方法也各不相同，目前没有一种方法能满足所有的应用目的，因此需要比较多种订正方法，选取适用于本书需求的合理订正方案。

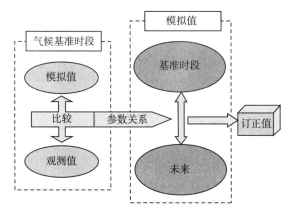

图 3-6 未来气象要素订正方法

我们将全国分为东北、华北、华南、长江中下游、西北西部、西北东部、西南、青藏高原 8 个区域，每个区域选取一个典型站点，采用几种订正方法对其平均气温和降水量进行订正，结果表明，模式对不同区域的模拟能力不同，订正方法的订正效果也不同，气候变量的不同统计量（例如，平均值、变率、极值、月循环、季节循环等）不可能用一种订正方法完善。由于本书主要侧重于气候变量的平均值及月、季循环的精准性，而平均态偏差订正方法在这几个方面表现较佳，因此采用该方法对 PRECIS 输出的 7 个气候要素（日平均气温、最高气温、最低气温、24 小时累计降水量、平均相对湿度、平均风速、太阳总辐射）进行订正。

平均态偏差订正方法依要素类型的不同又分为两种，一种是最小值为 0 的变量，如降水量，采用比例订正；另一种是最小值可为负数的变量，如气温，采用差值订正。

订正方法依循的基本原理如下所示：

$CV(d,m,y)/Obs(m) = SV(d,m,y)/Sbs(m)$，第一种变量

或

$CV(d,m,y) - Obs(m) = SV(d,m,y) - Sbs(m)$，第二种变量

其中，$CV(d,m,y)$ 为当代或未来的 y 年 m 月 d 日的订正值，$Obs(m)$ 为气候基准时段的 m 月多年平均观测值，$SV(d,m,y)$ 为当代或未来的 y 年 m 月 d 日模拟值，$Sbs(m)$ 为气候基准时段的 m 月多年平均模拟值。

则

$CV(d,m,y) = Obs(m) \times SV(d,m,y)/Sbs(m) = SV(d,m,y) \times COE$，第一种变量

或

$$CV(d,m,y) = Obs(m) + SV(d,m,y) - Sbs(m) = SV(d,m,y) + COE,$$

第二种变量

其中，COE 为"订正系数"，$COE = Obs(m)/Sbs(m)$，第一种变量

或

$$COE = Obs(m) - Sbs(m)，第二种变量$$

因此，利用气候基准时段的逐月多年平均模拟值和同期的逐月多年平均观测值可计算出每个要素每个网格点的各月订正系数，逐日模拟值乘以或减去当月的订正系数即为订正值，后续分析均基于该订正结果展开。

二、中国玉米种植区主要气候资源（全年）未来时空变化特征

利用 PRECIS 在 RCP 4.5/8.5 情景下的当代和未来高精度气候情景数据订正值，对我国 2021—2040 年（后文简称"2030s"）、2041—2060 年（后文简称"2050s"）相对于 1986—2005 年（后文简称"基准时段"）的主要农业气候资源相关因子变化进行分析，包括平均温度、最高温度、最低温度、降水量、平均相对湿度、太阳总辐射，其中，平均温度、最高温度、最低温度是代表热量资源的气候因子，降水量、平均相对湿度是代表水分资源的气候因子，太阳总辐射则代表了光照资源。

对上述气候因子，分别计算其在 RCP 4.5 情景和 RCP 8.5 下 2030s、2050s 的各网格点 20 年的年平均值相对于基准时段平均值的变化，得出其空间分布，并针对我国多个玉米种植区（附图 1-1）分别剖析上述气候资源的区域尺度平均水平的未来变化情况。

（一）热量资源

RCP 4.5/8.5 情景下 2030s、2050s 的年平均气温在全国范围内均呈现升高趋势（附图 3-1，由于篇幅所限，此处仅展示升温最低的 RCP 4.5 情景下 2030s 和升温最高的 RCP 8.5 情景下 2050s 情况，RCP 4.5 的 2050s 和 RCP 8.5 的 2030s 图略。本章后文涉及情景、时段的空间分布图展示方式同此），RCP 8.5 情景升温幅度比 RCP 4.5 高，同情景下，2050s 升温比 2030s 高。总体而言，西北地区升温幅度最大，西南地区升温幅度相对较小；RCP 8.5 情景下 2050s 增温最大，其次是 RCP 4.5 情景下 2050s，然后是 RCP 8.5 情景下的 2030s，最小升温出现在 RCP 4.5 情景下的 2030s 时段。

对于不同情景和时段，各区域平均升温幅度有所不同，RCP 4.5 情景下，

2030s 西北地区升温幅度最大，超过 1.5℃；其次为西南地区，接近 1.5℃；北方地区次之；黄淮海地区升温幅度最小；对于 2050s，西南地区则升温幅度最小。RCP 8.5 情景下，2030s 黄淮海地区升温幅度最大，西北地区与黄淮海地区升温幅度相近，北方地区升温略小，西南地区升温幅度最小；而 2050s 则是西北地区增温最大，接近 3.4℃；其次是北方地区；黄淮海和西南地区增温较小，但也超过了 2.7℃。

RCP 4.5/8.5 情景下 2030s、2050s 的日最高和最低气温变化与日平均气温变化相似（图略），未来日最高和最低气温全面升高，RCP 8.5 情景升温幅度比 RCP 4.5 高；同情景下，2050s 升温幅度比 2030s 大。总体而言，最高气温增幅小于平均气温增幅，而最低气温增幅最大，尤其在西北地区，到 2050s，在高排放的 RCP 8.5 情景下，该区增温接近 3.7℃，即使在中低排放的 RCP 4.5 情景下，该区 2030s 增温也达 3℃，可见该地区升温剧烈，且日较差明显减小。已有的研究认为，温度升高不但会导致玉米生育期缩短，减少干物质积累时间，还有可能增加玉米的热胁迫，从而导致产量损失，而日较差的减小，也不利于同化产物的积累，故温度的变化对西北地区玉米产量将有不利影响。其他地区也存在类似情况，但对于纬度较高的东北地区，由于热量资源不高，温度的增加反而改善其热量条件，可能对玉米种植生产有一定益处。

（二）水分资源

未来年降水空间分布变化图（附图 3-2）显示，RCP 4.5 情景下，长江中上游至出海口的沿岸省份降水以减少为主，其他大部分地区降水增加；RCP 8.5 情景下，2030s 长江中上游两岸省份降水减少幅度加剧，同时降水减少的区域进一步向东南、向北扩大，华北大部降水减少，2050s 上述地区降水减少趋势有所缓解。

北方和西北玉米种植的年平均降水均有所增加，黄淮海玉米种植区除了 RCP 8.5 情景下的 2030s 降水减少外，其余情景、时段降水均增加，可为作物生长发育提供更多的水分条件；而西南玉米种植区的平均降水量基本呈现减少趋势，尤其是 RCP 8.5 情景下的 2030s，降水减少量达到了 0.37 毫米/天，亦即平均每年减少 135 毫米左右，但由于这一带地区历来雨水充沛，玉米生育期内易发生洪涝灾害，未来降水的减少有可能一定程度上有利于玉米生产。

而未来相对湿度的变化情况（图略），除了西北地区，大部分区域都呈现降低趋势。西南地区在 2 个情景的 2 个时段相对湿度都平均减少 2% 以上，部分区域减幅达 6% 以上，但西南地区本为湿度较大区域，此减少幅度应当不会对作物产量有明显影响，而其中相对较为干燥的云南省则湿度略微增加，有利于玉米生产。黄淮海地区相对湿度减少幅度基本在 4% 以内，而北方玉米种植区的相对湿度增减幅度也都基本不超过 2%，不足以对玉米生产构成显著影响。西北玉米种植区为干旱半干旱地区，未来相对湿度的增加有利于改善该地区玉米生产的水分条件。

（三）光照资源

太阳辐射量决定着作物光合作用有效辐射，影响产量构成。附图 3-3 显示，2 个情景下未来我国太阳总辐射量以下降趋势为主，北方和西北玉米种植区平均辐射均在下降，尤其西北地区下降明显。黄淮海玉米种植区除了 RCP 4.5 情景下的 2050s 辐射量略有上升外，其余情景和时段也都呈现下降趋势，但下降幅度不显著。西南玉米种植区的辐射量在 RCP 4.5 情景下呈增加趋势，RCP 8.5 情景下则略有减少。可见，除了西南地区，太阳总辐射的变化对玉米生产是不利因素。

三、主要玉米生态区气象条件（不同生育期）未来变化特征

本部分基于我国六大玉米生态区（同第二章的分区）的区域水平，利用 PRECIS 在 RCP 4.5/8.5 情景下的当代和未来高精度（0.5°×0.5°网格）气候情景模拟数据订正值，分析玉米生产过程中不同生育期的关键气象条件在 2030s、2050s 相对于气候基准时段的变化特征。其中，模式订正值要素包括逐日平均气温、最高气温、最低气温、24 小时降水量、太阳总辐射 5 个气象要素。主要分析的玉米生长关键气象条件包括生育期内的平均气温、累积降水量、累积太阳总辐射、平均日较差、10~34℃的有效积温、日最高温度≥34℃日数，由于实际生产中 34℃以上气温对玉米生长有不利影响，因此计算有效积温时仅考虑 10~34℃的气温。关注 3 种玉米生长生育期：全生育期（指基于当代玉米生产管理实践的播种到成熟的时期）、关键生育期（指基于当代玉米生产管理实践的抽雄到成熟的时期）、适宜生育期（指基于模拟订正值计算的每年气温稳定通过 10℃的初终日之间的时期，代表了模拟值中玉米从播种到收获的温度资源可利用时期），全生育期和关键生育期的日期数据同第二章。对于每个区域，先计算每种生育期内气象条件的逐年区域平均，然后分别计算 2030s、2050s 和基准时段 20 年平均值，将 2030s、2050s 与基准时段的 20 年均值比较分别获得 2030s、2050s 相对于气候基准时段的差值和变化百分率，分析其在区域尺度上的变化情况。

（一）平均气温

图 3-7 展示了六个玉米生态区不同生育期的区域平均气温变化。可以看到，对于所有生育期、所有生态区，无论是 RCP 4.5 情景还是 RCP 8.5 情景，未来 2030s 和 2050s 两个时段的平均气温均有显著上升。

对于全生育期，黄淮海夏玉米生态区、北方春玉米生态区和西北春玉米生态区的平均升温幅度最大的情景时段为 RCP 8.5 情景下的 2050s，其次为 RCP 4.5 情景下的 2030s，最小者为 RCP 4.5 情景下的 2030s。西南和南方玉米生态区的平均升温幅度最大者也是 RCP 8.5 情景下的 2050s，但最小者为 RCP 8.5 情景下的 2030s。与上述 5 个区域不同的是，东北春玉米生态区平均升温幅度最大，在 RCP 4.5 情景下的 2050s 时段。所有区域 2050s 的升温均显著大于 2030s。

关键生育期各区域的平均升温情况与全生育期相似，升温幅度和变化白分率也与全生育期相近。

适宜生育期内，除了东北玉米生态区，其余五个玉米生态区的平均升温幅度均为 RCP 8.5 情景下的 2050s 最大，其次为 RCP 4.5 情景下的 2030s，RCP 4.5 情景下的 2030s 最小。而东北玉米生态区则为 RCP 4.5 情景下的 2050s 平均升温最大、RCP 8.5 情景下的 2030s 平均升温最小。值得注意的是，适宜生育期内各区域的平均升温幅度和变化百分率明显小于全生育期和关键生育期，说明升温更多地集中在当前玉米品种生长的生育期内。而生育期气温的升高有可能引起生育期缩短、玉米品质和产量下降。

（二）累积降水量

图 3-8 为各玉米生态区的不同生育期累积降水量变化。对于全生育期，东北和西北区域平均值以增加为主，其中西北区域全部情景、时段均为降水量增多，变化百分率以 RCP 4.5 情景下 2050s 最高，达 20％以上，但西北总体偏旱，整个生育期的降水增量区域平均值不到 20 毫米，而东北在 RCP·4.5 情景下的 2030s 和 RCP 8.5 下的 2050s 降水量区域平均增加了 30 毫米以上，但 RCP 8.5 情景下的 2030s 降水量略比当代减少，值得关注。另一个值得关注的是黄淮海夏玉米生态区，其所有情景、时段的区域平均降水均呈现减少趋势，尤其 RCP 8.5 情景下的 2030s 特别明显，降水量减少超过 90 毫米，变化百分率接近—24％，需警惕生育期内水分供应不足而危害玉米生长。北方春玉米生态区的降水量在 RCP 4.5 情景下均为增加、RCP 8.5 情景下则减少，但无论增减，变化百分率都未超过 10％。西南和南方玉米生态区的区域平均降水亦有增有减，但变化百分率也都小于 10％。

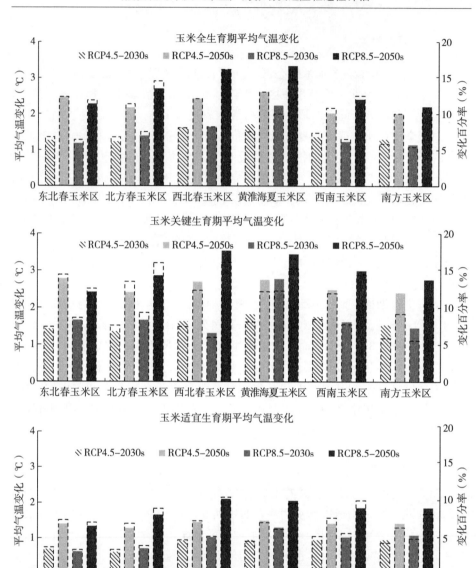

图 3-7　六大玉米生态区不同生育期的区域平均气温变化

注：实心柱为差值，对应左纵坐标；虚线外框空心柱为变化百分率，对应右纵坐标。

对于关键生育期，东北区域除了 RCP 8.5 情景的 2030s 降水略有减少，其他情景、时段均为增加，其中 RCP 4.5 情景的 2030s 增加 30 毫米以上，变化百分率约 20%。黄淮海夏玉米生态区的降水变化情况与全生育期相似，均为减少，RCP 4.5 的 2030s 和 RCP 8.5 的 2050s 减少率达 10% 以上，RCP 8.5

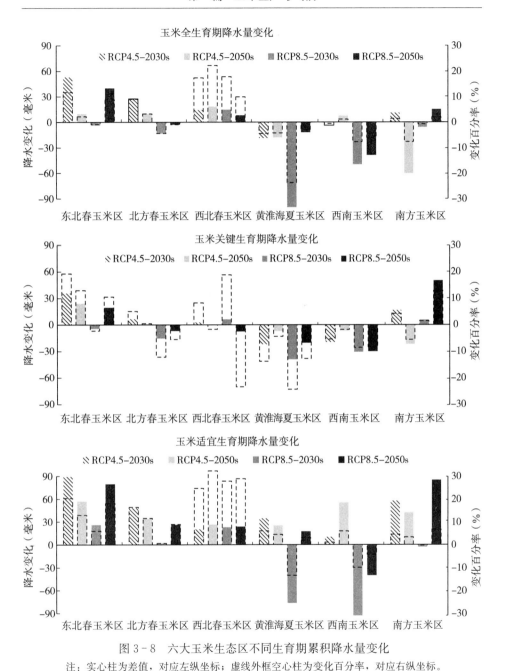

图 3-8 六大玉米生态区不同生育期累积降水量变化

注:实心柱为差值,对应左纵坐标;虚线外框空心柱为变化百分率,对应右纵坐标。

的 2030s 减少率甚至达 20％以上,值得关注。北方玉米生态区在 RCP 4.5 情景下降水量增加、RCP 8.5 情景下降水量减少,但变化百分率和增减量均不大。西北玉米生态区 2030s 降水量增加、2050s 降水量减少，虽然在 RCP 8.5 情景下变化百分率阈值较大，但增减量均很小。西南区域所有情景、时段降水量均减少，但变化百分率未超过 10％。南方玉米生态区的关键生育期降水量除 RCP 4.5 的 2050s 略有减少，其余情景、时段以增加为主，其中 RCP 8.5 的 2050s 增加率超过 10％、增量超过 50 毫米，该区域降水量本就较多，因此需警惕玉米生长发育过程中遭受涝渍灾害的风险。

对于适宜生育期，东北玉米生态区依然是降水量增加明显的区域，而西北玉米生态区降水量增加百分率更大，增量也都超过了 20 毫米，说明未来玉米适宜生育期内该区域降水量增加较多的时段处于当前常用的玉米生产期之外，玉米栽培工作中可以适度考虑如何充分利用该资源。此外，当前常用的全生育期和关键生育期降水量均减少的黄淮海玉米生态区在适宜生育期内降水量以增加为主，除了 RCP 8.5 的 2030s，其余情景、时段均有所增加，玉米栽培工作同样也可以适度考虑该区域该时段的降水资源利用。

（三）累积太阳总辐射

各玉米生态区不同生育期的累积太阳总辐射变化如图 3-9 所示。对于全生育期，东北和北方区域的太阳总辐射以减少为主，RCP 4.5 的 2050s 略有增加。西北区域在所有情景、时段均呈现减少趋势。黄淮海夏玉米生态区则相反，所有情景、时段均呈现增加趋势，其中 RCP 4.5 情景比 RCP 8.5 情景明显。西南和南方区域则是 RCP 4.5 情景下太阳总辐射明显增加，RCP 8.5 的 2030s 减少，RCP 8.5 的 2050s 增减不明显。

对于关键生育期，东北和西北区域在所有情景、时段太阳总辐射均呈现减少趋势。而北方区域则以增加为主，其在全生育期以减少为主，可见北方春玉米生态区的光资源未来将更多地集中于关键生育期。黄淮海和西南区域的太阳总辐射以增加为主，其中黄淮海夏玉米生态区的增加百分率明显高于全生育期，同样反映了该区域未来光资源将更多地集中于关键生育期。南方则是 RCP 4.5 情景下太阳总辐射增加，RCP 8.5 情景下减少。

同时，我们注意到关键生育期的太阳辐射量变化百分率与全生育期相比，大多数情况下是正向增加的，即：如果全生育期的辐射量是减少的，则关键生育期的辐射减小率小于全生育期甚至辐射增加；如果全生育期的辐射量是增加的，则关键生育期的辐射增加率多数大于全生育期。可见，虽然东北、北方、西北春玉米区的辐射量未来普遍下降，但其光照资源也在往玉米生长发育的关键阶段集中，有利于玉米的产量和品质提升，这是不利中的有利因素。

对于适宜生育期，所有区域太阳总辐射均明显增多，这主要是归因于未来气温明显增加导致大部分地区的适宜生育期变长，从而使各地获得光照资源的日数变多，因此太阳总辐射的累积量明显增加。

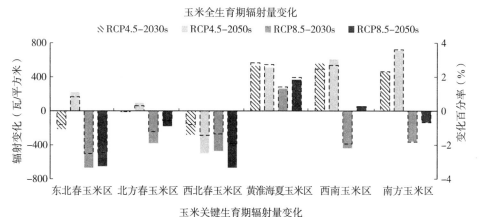

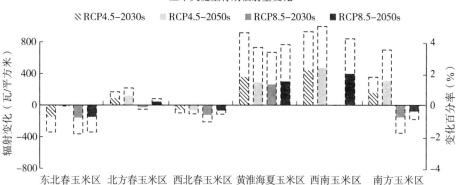

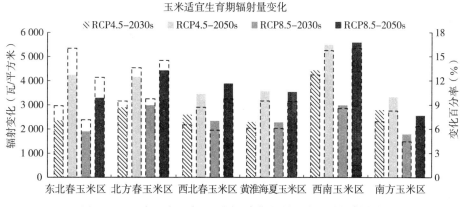

图 3 - 9 六大玉米生态区不同生育期的累积太阳总辐射变化

注：实心柱为差值，对应左纵坐标；虚线外框空心柱为变化百分率，对应右纵坐标。

（四）平均气温日较差

各玉米生态区不同生育期的平均气温日较差变化如图 3 - 10 所示。对于全生育期和关键生育期，东北和西北区域平均昼夜温差以缩小为主，其他区域则呈现出昼夜温差加大的态势，其中尤以黄淮海夏玉米生态区最明显，气温日较差增幅几乎都在 0.4℃以上，且该区域关键生育期的增幅大于全生育期增幅。

对于适宜生育期，除了西北区域的昼夜温差全为缩小以外，各区域几乎都表现出了的昼夜温差增大的趋势，但黄淮海的气温日较差增幅小于全生育期和关键生育期。

玉米全生育期气温日较差变化

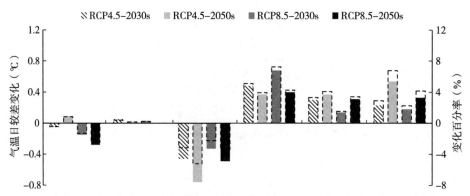

玉米关键生育期气温日较差变化

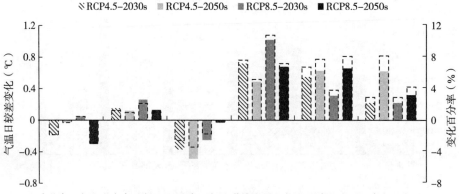

玉米适宜生育期气温日较差变化

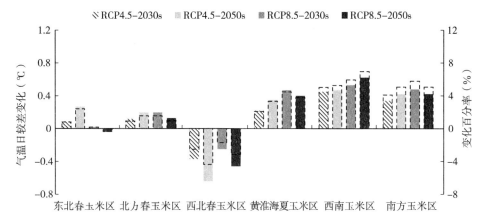

图3-10　六大玉米生态区不同生育期的平均气温日较差变化

注：实心柱为差值，对应左纵坐标；虚线外框空心柱为变化百分率，对应右纵坐标。

（五）10~34℃有效积温

从图3-11可以看出，各玉米生态区的有效积温均明显增加，其中2050s增幅大于2030s，尤以北部区域（东北、北方、西北玉米生态区）明显。除东北和西南地区，其他地区RCP 8.5情景增幅多数情况下也都大于RCP 4.5情景。北方春玉米生态区的有效积温增加百分率最大，南方玉米生态区最小。黄淮海夏玉米生态区的关键生育期有效积温增加百分率明显大于全生育期，说明该区域有效积温的增加更多集中于关键生育期。

玉米全生育期10~34℃有效积温变化

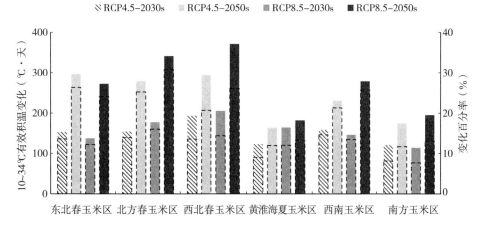

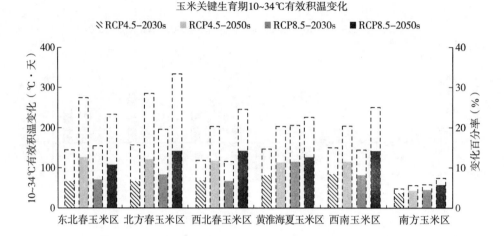

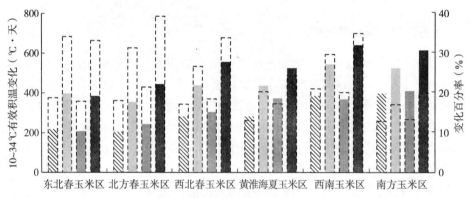

图 3-11 六大玉米生态区不同生育期的 10～34℃ 有效积温变化

注：实心柱为差值，对应左纵坐标；虚线外框空心柱为变化百分率，对应右纵坐标。

（六）日最高气温≥34℃ 高温日数

图 3-12 为各区域日最高温≥34℃ 日数变化情况。在气温普遍升高的背景下，各区域的平均高温日数也呈现出全部增加的趋势，增加百分率多数达 50％ 以上，各地均需警惕玉米生产中的高温热害风险。2050s 增幅基本大于 2030s。除东北和西南地区，其他区域在 RCP 8.5 情景下的高温日数增幅均高于 RCP 4.5 情景。RCP 8.5 情景下 2050s 西南春玉米生态区全生育期和适宜生育期的高温日数增加百分率超过了 250％。

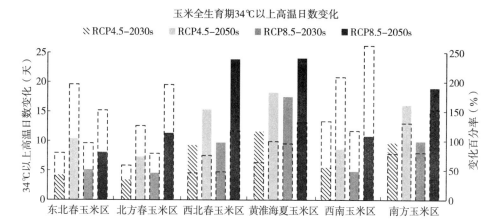

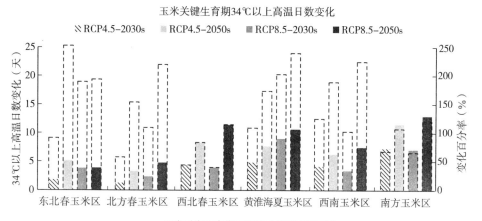

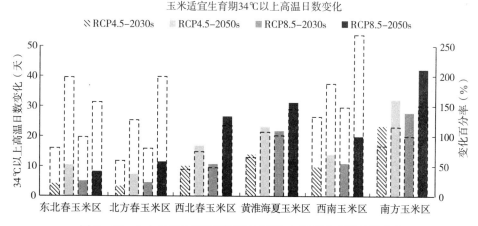

图 3-12 六大玉米生态区不同生育期的 34℃以上高温日数变化

注：实心柱为差值，对应左纵坐标；虚线外框空心柱为变化百分率，对应右纵坐标。

四、主要玉米生态区极端气候事件未来时空变化特征

全球变暖背景下，极端气候事件发生频率或强度增加，而玉米生产中遇到极端气候事件可能导致减产甚至绝产，或者造成玉米品质的大幅降低。在各类极端气候事件中，温度和降水极端事件是对农作物影响最大且最为普遍的，因此，我们针对我国六大玉米生态区（同第二章的分区）选取与旱、涝、冷、热相关的极端气候指标，关注其未来时空变化特征。极端气候指标包括春/夏玉米的全生育期暴雨日数，全生育期相对湿润指数干旱等级，关键生育期32℃高温日数，全生育期10℃以下日数，其中全生育期指玉米播种-成熟期，关键生育期指玉米抽雄-成熟期，生育期日期数据与上节一致。

所使用数据包括 PRECIS 在 RCP 4.5 和 RCP 8.5 情景下的模拟订正值和CN05.1格点化观测资料，其中模拟订正值的水平分辨率为 $0.5°×0.5°$，网格点观测资料的水平分辨率为 $0.25°×0.25°$，考虑到空间匹配度，本书从网格点观测资料中取与模拟值相同的网格点上的观测值参与计算分析，要素包括逐日平均气温和24小时降水量。分别计算 RCP 4.5/8.5 情景下各极端气候指标2030s、2050s 相对于气候基准时段的模式订正值平均变化，并且将该变化值叠加到气候基准时段的观测平均值上获得 2030s、2050s 的预估均值，绘制均值及变化值的空间分布图，同时分别计算六大玉米生态区的变化均值，从而分析各极端气候在不同情景、不同时段下的时空变化规律。

各极端气候指标定义如下：

玉米全生育期暴雨日数——玉米播种至成熟期内24小时累计降水量≥50毫米的日数。

玉米全生育期相对湿润指数干旱等级——用玉米播种至成熟期内降水量与蒸发量之间的差异评估干旱情况。

相对湿润指数

$$MI = (P - ET_0)/ET_0$$

其中，P 为玉米全生育期内的累计降水量，ET_0 为玉米全生育期内的可能蒸发量。

根据研究对象特征和资料获取可行性，本书中对 ET_0 的估算采用 Mc-Cloud 法，$ET_0 = \sum ET_0(i)$，$ET_0(i)$ 为玉米全生育期内逐日可能蒸发量，$ET_0(i) = K \cdot W^{1.8T(i)}$，其中 $K = 0.254$，$W = 1.07$，$T(i)$ 为第 i 日平均气温。玉米全生育期相对湿润指数干旱等级数值根据 MI 阈值赋值：若 $MI > -0.40$ 为无旱，干旱等级赋值1；$-0.40 \leqslant MI < -0.65$ 为轻旱，干旱等级赋值2；

$-0.65 \leqslant MI < -0.80$ 为中旱，干旱等级赋值 3；$-0.80 \leqslant MI < -0.95$ 为重旱，干旱等级赋值 4；$MI \leqslant -0.95$ 为特旱，干旱等级赋值 5。

关键生育期 32℃ 高温日数——玉米抽雄至成熟期内日平均气温 $\geqslant 32℃$ 的日数。

全生育期 10℃ 以下日数——玉米播种至成熟期内日平均气温 $< 10℃$ 的日数。

各极端气候指标的生物学意义如下：

暴雨日数和相对湿润指数干旱等级反映了玉米生长期内水分平衡情况。暴雨日数越高，玉米生长期内遭遇涝渍侵害的风险越大，影响玉米的正常生长代谢和光合作用，使其生长发育缓慢甚至停止，加剧病害发生与流行；相对湿润指数干旱等级越高，玉米生长期内自然供水量不足的可能性越大，造成作物生长水分亏缺，导致玉米品质下降或减产。

关键生育期 32℃ 高温日数和全生育期 10℃ 以下日数反映了玉米生长期内气温波动特征。在玉米开花期（抽雄至授粉）如果温度过高会影响授粉，同时易引发病害，造成产量和品质下降，因此需要关注关键生育期内 32℃ 以上的高温日数；玉米为喜温作物，其生物零点温度为 10℃，如果温度过低会导致生长发育受阻、产量降低，因此统计全生育期 10℃ 以下日数有助于了解玉米生长期内的低温风险。

（一）涝渍风险

春/夏玉米全生育期暴雨日数的未来变化和均值空间分布特征为，在 RCP 4.5 情景下，相较于气候基准时段，除了长江中下游两岸地区、四川西部、青海东部和新疆部分地区，在其他区域 2030s 春玉米暴雨日数略有增加，但增加天数多在 1 天之内，少数地区如广东、浙江部分地区增加天数达到 2 天。2050s 的变化情况与 2030s 相似，但暴雨日数增幅多数在 1 天之内，且湖南中部、湖北东部、江西北部、安徽南部、浙江西部暴雨日数增加 1 天以上，甚至在安徽、浙江、江西交界处暴雨日数减少达 2 天以上。由此可见，从全国整体而言，在 RCP 4.5 情景下，对于春玉米全生育期，2030s 的涝渍风险要高于 2050s，这点在未来此二时段的暴雨日数均值空间分布也得到了印证：2030s 胡焕庸线以东地区暴雨日数大多在 1 天（轻度涝灾）以上，前述增加值较高的地区暴雨日数达 3~4 天（中度涝灾），在广东南部及皖赣浙交界地区甚至达 5 天以上（重度涝灾），而 2050s 上述暴雨日数同值域范围均小于 2030s，且只有两广沿海地区达到 5 天以上。

RCP 8.5 情景下的春玉米全生育期暴雨日数的未来变化和均值空间分布特

征与 RCP 4.5 情景相似，不同之处在于，RCP 8.5 情景下 2050s 的暴雨日数增加区域略多于 2030s，因此，2050s 的涝渍风险略高于 2030s。

RCP 4.5 情景下黄淮海夏玉米全生育期未来暴雨日数增加区域和幅度不大，暴雨日数增加的区域不足夏玉米生态区的一半，增加幅度基本在 1 天以内。黄淮海夏玉米全生育期未来暴雨日数也并不多，多数为 1～2 天。

RCP 8.5 情景下黄淮海夏玉米全生育期未来暴雨日数增加区域更少，尤其是 2030s，大部分地区未增加甚至减少。未来暴雨日数与 RCP 4.5 情景类似，多数地区为 1～2 天。

从各区域全生育期暴雨日数变化（图 3-13）也可看出，在 RCP 4.5 情景下，相较于气候基准时段，除了黄淮海夏玉米区和 2050s 的南方玉米区，玉米全生育期的暴雨日数在大部分区域和时段均有所增加，尤其东北和北方春玉米区，2030s 增加明显。而 RCP 8.5 情景下，多数时段和区域的玉米全生育期暴雨日数也呈现增加趋势，但东北、西南和黄淮海玉米生态区的暴雨日数有所下降。尤其值得注意的是，黄淮海夏玉米区的全生育期暴雨日数普遍减少，其中 RCP 8.5 情景下的 2030s 区域平均暴雨日数下降明显，其涝渍风险大大降低，这可能跟该时段该区域的降水量减少（附图 3-2、图 3-8）有关，但是否因此导致干旱风险，还需要进一步考察。

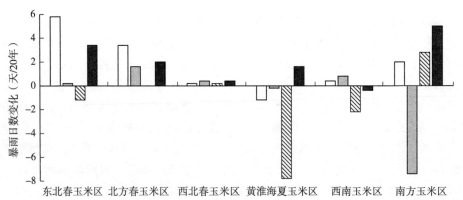

图 3-13 六大玉米生态区全生育期暴雨日数变化

（二）干旱风险

RCP 4.5 和 RCP 8.5 情景下玉米全生育期干旱等级的未来变化和均值特

征（空间分布图略）显示，未来我国中东部长江以北地区的干旱有所增加，RCP 4.5 情景下干旱等级增加基本在 1 级以内，而 RCP 8.5 情景下有少部分地区干旱等级增加达 2 级，尤其 2030s 的黄淮海夏玉米区西部和 2050s 的宁夏北部、陕西中部有明显的增加 2 级以上区域。

总体而言，RCP 4.5 情景下 2030s 和 2050s 的玉米干旱等级差别不大，长江以北的中东部地区多数为轻度干旱（2 级），河北南部、河南西北部和陕西中东部为中度干旱（3 级），而西北地区（甘肃北部、新疆大部）则为重旱甚至特旱。RCP 8.5 情景下，轻度干旱区域比 RCP 4.5 情景的略小，但中度以上干旱区域则进一步扩大。

各区域全生育期干旱风险等级变化图（图 3 - 14）显示，除了西北春玉米区的 2030s，其他时段、区域的玉米全生育期干旱风险均在上升，尤其是黄淮海夏玉米区，干旱风险增加明显，不利于玉米种植生产，值得关注和警惕。

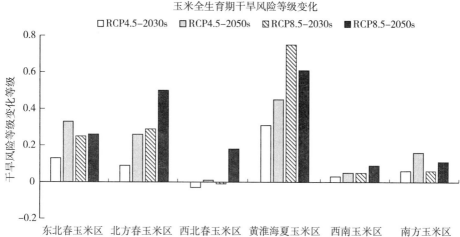

图 3 - 14 六大玉米生态区全生育期干旱风险等级变化

（三）高温风险

玉米关键生育期高温日数变化和均值分布（空间分布图略）显示，RCP 4.5 情景下，随着未来气温升高，在 105°E 以东（银川-重庆一线以东），大部分地区高温日数都在增加，尤其 110°E 以东（常德-宜昌-洛阳-邢台一线以东）的华北及长江沿线增幅剧烈，在 2050s 增幅甚至达 10 天以上。

高温日数均值也显示，高温的高风险区集中在长江中下游两岸区域，

2050s 的高温风险大于 2030s。

对于 2030s，RCP 8.5 情景下 2030s 玉米关键生育期高温日数增加区域少于 RCP 4.5 情景，但增幅略高于 RCP 4.5。而 RCP 8.5 情景下的 2050s 玉米关键生育期高温日数无论是增加区域还是增幅均大于 2030s，与 RCP 4.5 情景下的 2050s 不相上下。

同样，RCP 8.5 情景下高温的高风险区集中在长江中下游两岸区域，2050s 的高温风险大于 2030s。

由图 3-15 可知，随着全球变暖，我国未来各地气温普遍升高，玉米关键生育期内平均温 32℃ 以上的日数也相应地增加，各情景、各时段的高温风险随之加大，需要警惕高温热害对玉米产量和品质的不利影响。

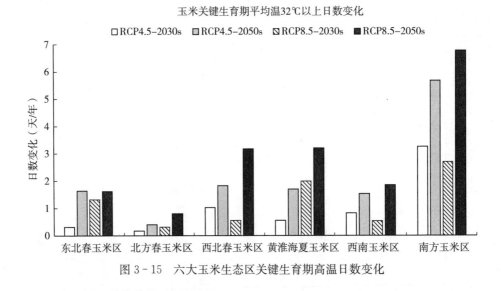

图 3-15　六大玉米生态区关键生育期高温日数变化

(四) 低温风险

两个情景下未来玉米全生育期内日平均气温在 10℃ 以下的低温日数几乎都是减少的（空间分布图略），而未来除了在青藏高原低温日数达到数十天外，其余地区基本在 10 天以下，大部分在 2 天以下，相较于玉米 3~4 个月的生长周期而言，此低温日数几乎可忽略不计，其对玉米生产影响甚微，可见从气候尺度上说，未来夏玉米的低温风险很小。

各区域全生育期低温日数变化情况（图 3-16）同样表明，所有情景、时段、区域的全生育期低温日数都在减小，亦即低温风险是降低的。

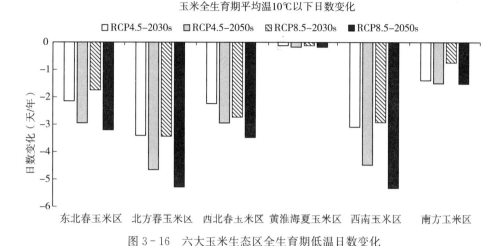

图3-16 六大玉米生态区全生育期低温日数变化

五、未来气候情景下玉米生态区气候变化时空特征及生产建议

(一)全年主要气候资源

未来气温升高不利于各地玉米生产,但其中北方玉米种植区可能由于温度的增加获得热量条件的改善。

除了西南玉米种植区,其余各区未来降水增加,可改善玉米生长的水分条件,其中西北地区降水增加、湿度增加,对其干旱状况将有一定程度的缓解,利于玉米生长;西南地区降水减少、湿度降低,该区域原本即为水分充沛区域,一定范围内的降水、湿度减少反而可能减少玉米生长期内雨水过多导致的涝渍,利于玉米生产。

除了西南地区,其余各玉米种植区未来太阳总辐射量下降,是玉米生产的不利因素。

(二)玉米生育期气象条件

1. 平均气温

①六个生态区三种玉米生育期内未来平均气温均显著上升,且2050s的升温显著大于2030s;②未来玉米可种植生育期内各区域的平均升温幅度和变化百分率明显小于当前物候期的全生育期和关键生育期,说明升温更多地集中在当前玉米品种的生育期内,而生育期气温的升高有可能引起生育期缩短、玉米产量和品质下降,需要给予关注。

2. 累积降水

①东北春玉米全生育期在 RCP 8.5 情景下的 2030s 降水略比当代减少，生产中需给予关注；②黄淮海夏玉米生态区全生育期和关键生育期在未来 2 个气候情景下的 2030s 和 2050s 区域平均降水均呈现减少趋势，尤其 RCP 8.5 情景下的 2030s 更为明显，降水减少率超过 20%，需警惕生育期缺水风险；③南方玉米生态区的关键生育期降水未来以增加为主，其中 RCP 8.5 下 2050s 增加率超过 10%、增量超过 50 毫米，该区域基准时段的降水量已较高，因此需警惕玉米生长发育过程中遭受涝渍灾害的风险；④西北地区玉米可种植生育期的未来降水增加百分率和增量均明显大于全生育期和关键生育期，而对于当前品种适宜的全生育期和关键生育期内降水量均表现为减少的黄淮海夏玉米区，除了 RCP 8.5 下的 2030s，其余情景、时段的降水在玉米可种植期均有所增加，说明未来玉米适宜生育期内这两个区域降水增加较多的时段在当前常规品种的生育期之外，未来玉米栽培工作中可以适度考虑如何充分利用这部分降水资源。

3. 累积太阳总辐射

①东北和西北地区玉米全生育期和关键生育期内未来太阳总辐射以减少为主；②未来北方春玉米区在玉米全生育期内太阳总辐射以减少为主，关键生育期内则以增加为主，而黄淮海夏玉米生态区的太阳总辐射以增加为主，其中关键生育期的增加百分率明显高于全生育期，反映了北方和黄淮海玉米生态区的光资源未来将更多地集中于关键生育期，有利于玉米的产量和品质提升；③由于气温升高，未来大部分地区的玉米可种植期变长，因此各地的太阳总辐射在适宜生育期内的累积量也明显增加。

4. 平均气温日较差

①东北和西北春玉米区在玉米全生育期和关键生育期内未来平均昼夜温差以缩小为主，其他区域则呈现出昼夜温差加大的态势；②玉米可种植生育期内，除了西北春玉米区的未来昼夜温差缩小外，其余各区域几乎都表现出了昼夜温差增大的趋势；③黄淮海夏玉米生态区未来昼夜温差加剧明显，且关键生育期的增幅最大，其次是全生育期，适宜生育期增幅最小。

5. 10～34℃有效积温

①未来各玉米生态区的 10～34℃有效积温均明显增加，且 RCP 8.5 情景增幅多数情况下大于 RCP 4.5 情景、2050s 增幅大于 2030s；②未来北方春玉米生态区的有效积温增加百分率最大，南方丘陵春玉米生态区最小；③未来黄淮海夏玉米生态区有效积温的增加更多集中于关键生育期。

6. 日最高温≥34℃日数

①各玉米生态区的未来平均高温日数都表现为增加，增加百分率多数达

50％以上，且 2050s 增幅多数大于 2030s，各生态区均需警惕玉米生产中的高温热害风险；②除东北和西南春玉米区，其他玉米生态区未来在 RCP 8.5 情景下的高温日数增幅均高于 RCP 4.5 情景；③RCP 8.5 情景下 2050s 西南春玉米生态区在全生育期和可种植生育期内高温日数增加百分率超过了 250％。

（三）极端气候事件

1. 涝渍风险

①未来春玉米全生育期的涝渍风险高于夏玉米生育期的涝渍风险；②RCP 4.5（8.5）情景下，春玉米 2030s（2050s）的涝渍风险高于 2050s（2030s）。

在上述涝渍风险较高的时段和区域，玉米生产需要提前做好排水、抽水等减少积水的措施和设施准备，如深挖排水沟、准备吸湿物质（如草木灰）、考虑追肥以提高植株抵抗力、培土固苗等，以及考虑在地势比较高、排水方便的地方种植玉米，从源头上减少涝渍灾害发生。

2. 干旱风险

①春玉米未来在我国中东部的长江以北地区干旱等级略有增加；②未来春、夏玉米在 RCP 8.5 情景下中度以上干旱区域及干旱增加区域均多于 RCP 4.5 情景；③春玉米未来在南方地区无旱，但夏玉米在南方大部分地区未来会遭遇轻旱，部分地区甚至将达重度干旱。

对于上述干旱风险时段和地区，需要有针对性地选择耐旱品种、加强灌溉设施建设以增强应急抗旱能力。

3. 高温风险

①在 105°E 以东大部分地区未来高温日数均增加；②两个气候情景下春玉米 2050s 的高温风险都大于 2030s，且未来高温的高风险区都集中在长江中下游两岸区域及黄淮海地区；③夏玉米未来高温增幅和高温风险均为 RCP 8.5 情景下的 2050s 最大，高温风险区域集中在长江上、中游两岸。

对于上述高温风险区域和时段，在未来玉米种植生产过程中，需要注意加强防范高温热害风险，如改进科学施肥技术、增加喷灌设施以便高温期间提前喷灌水降低田间温度等。

4. 低温风险

①春、夏玉米全生育期内未来低温日数在大部分区域减少；②除了青藏高原，春玉米未来低温日数基本在 10 天以下，大部分在 2 天以下，对玉米生产影响甚微；③夏玉米未来低温日数基本在 2 天以下，低温风险很小。

第二篇

气候变化对玉米生产的影响

第四章　大气 CO_2 浓度升高对
玉米生长的影响

　　据世界气象组织（WMO）的报告，自工业革命以来，随着化石燃料的燃烧和土地利用变化其他人类活动，大气中的 CO_2 浓度已从工业化前的 285.5 ppm 增加至 2020 年的 413.2 ppm（WMO，2021），按照当前的增加速度，预计到 2050 年大气中 CO_2 浓度将达到 550 ppm（IPCC，2014）。CO_2 是绿色植物光合作用的原料之一，其在大气中的浓度高低对植物的光合作用、碳氮代谢、养分吸收及水分利用效率等其他生理活动（Elizabeth 等，2005）均有影响，此外光合产物通过植物根系输送到地下部引起地下部碳沉积及对氮素吸收的变化，也能引起土壤中碳氮循环及土壤中微生物区系组成的变化，进而对土壤中的养分循环过程产生影响（Kuzyakov 等，2019）。关于大气中 CO_2 浓度升高（本章后续文字中简称 eCO_2）对 C_4 作物生长的研究还鲜少，本章通过实证试验研究大气中 CO_2 浓度升高对玉米光合生理参数、产量、碳氮代谢及代谢组的影响，可为机理模型模拟提供调参依据。

一、大气 CO_2 浓度升高对植物的影响研究方法

　　目前国内外对于 eCO_2 对植物影响的研究方式主要有三大类，分别是全密闭的控制环境试验（Controlled Environment，CE）、半开放的开顶式气室（Open - Top Chambers，OTC）和完全开放的自由大气 CO_2 富集平台（Free - Air CO_2 Enrichment，FACE）。

　　控制环境试验可以在多种设施中进行，主要包括了温室、生长箱或者是人工气候室（李军营，2006）。这类试验主要是在密闭的区域内人为按照计划对多种环境因素（如温度、湿度、光照和 CO_2 浓度等）进行控制，也可以同时满足一种或者多种因素进行试验。其优点是可以人为的组合多种环境因素，并且不受外界环境的干扰，能够在某些特定的假设条件下进行多次试验。但是其缺点也是明显的，因为控制环境试验不能较为系统的模拟真实多样的外界环境，如光照、风速或其他气象气候因素的日变化和季节变化，因此其不能用于预测植物对 eCO_2 的长期响应。

开顶式气室（OTC）是四周用透明材料包围的一块只开放顶部与大气直接相通的植物培养方式（陈法军等，2005）。主要通过人为向空间内充入 CO_2 气体以控制其浓度。这种气室的优点是植物生长的环境因子较为接近真实的外界大气状态，如光照和温度。但是也存在一定的弊端，因为气室四周封闭，内部空气相对静止，因而温度高于外界，这会导致植物蒸腾速率增加，影响生长速率，从而给长期试验结果造成一定误差，且四周的透光材料也会减弱光照强度。

自由大气 CO_2 富集平台（FACE）是在近地面空气中通过一系列充满气体的管道围出一定区域，在区域内布设 CO_2 及其他气象监测探头以判断区域内的 CO_2 浓度、风速、风向等指标，通过控制系统自动调整区域内 CO_2 的释放速度、频率和方向，以达到区域内预期 CO_2 浓度的一套系统。该系统的优点是植物生长环境最接近真实的自然状态，能全面反映田间生态状况，其结果较前两种研究手段更具说服力（Leakey 等，2009）。

二、植物光合作用基础：C_3 及 C_4 途径

光合作用是绿色植物的叶绿体利用光能同化 CO_2 和水合成有机物并释放氧气的过程，其 C_3 途径主要包括 3 个阶段（潘瑞炽，2004），即①原初反应：通过叶绿体中聚光色素分子和反应中心（包括原初电子供体水和原初电子受体 $NADP^+$），将光能转化为电子形式的电能传递给质体醌，其中水光解释放氧气以及质子和电子是该过程的重要反应；②电子传递和光合磷酸化：水光解生成的质子穿过类囊体膜促使 ADP 和磷酸合成 ATP 储存为化学能，同时通过光系统 II 利用水的光解产生的电子在类囊体膜上将 $NADP^+$ 还原并产生 NAD-PH，原初光能最终以 ATP 和 NADPH 形式储存起来，成为下一步反应的还原力；③碳的同化：在叶绿体基质中，经过羧化-还原-更新 3 个步骤最终完成完整的碳固定："羧化"指在 1，5-二磷酸核酮糖羧化酶/加氧酶（Rubisco）的催化下，CO_2 在叶绿体基质中与 1，5-二磷酸核酮糖（RuBP）结合形成两分子的 1-磷酸甘油酸（PGA）；"还原"指 PGA 利用 ATP 和 NADPH 分别在不同酶的作用下逐步还原为醛和糖。光合碳同化合成的磷酸丙糖之后运到胞质溶胶，进一步合成为蔗糖并将释放出的磷酸通过转运体转运回叶绿体。由于碳同化最初固定形成的是三碳化合物，因此称为光合作用的 C_3 途径，C_3 途径在 C_3 植物的叶肉细胞的叶绿体内完成。

光合作用的 C_4 途径，代表性作物是源于热带的一些植物，如玉米、高粱、甘蔗等，其叶片内不同空间中分别进行光合作用的 C_4 途径和 C_3 途径。C_4 作

物叶片吸收大气 CO_2 的第一步在叶片叶肉细胞中进行，由叶肉细胞质中的磷酸烯醇式丙酮酸（PEP）将进入气孔的 CO_2 固定为草酰乙酸后转化为 C_4 酸（即苹果酸或天冬氨酸）；之后 C_4 酸转移进入维管束鞘细胞中再脱羧为 C_3 酸，脱羧释放出的 CO_2 进入 C_3 途径被还原为糖类；脱羧后形成的 C_3 酸（丙酮酸或丙氨酸）再运回到叶肉细胞生成 PEP 循环利用。也即，C_4 植物在通过一个"CO_2 泵"将大气中 CO_2 泵到叶肉细胞贮存起来，之后再释放到维管束鞘细胞中进行光合碳固定。

C_4 植物的 PEP 羧化酶对 CO_2 的亲和力高，其米氏常数〔即酶促反应达最大速度一半时底物（如 CO_2）的浓度值〕只有几个微摩尔，即使在环境中 CO_2 浓度较低的情况下也能源源不断地将 CO_2 泵到叶片中进行固定，大气 CO_2 浓度的变化对其影响较小。而 C_3 植物中 RuBP 羧化酶的米氏常数约 $450\mu mol$，其对 CO_2 的亲和力较低，在大气中 CO_2 浓度较低时，其光合固碳能力较弱，因此其光合碳同化作用对大气 CO_2 浓度升高较为敏感。这也是大部分研究发现大气 CO_2 浓度升高对 C_4 作物的效应较弱的主要原因。

玉米作为典型的 C_4 作物，其产量对大气 CO_2 浓度升高的响应不够敏感，但在气孔导度、水分利用效率、不同时期碳氮代谢及养分吸收等方面也对大气 CO_2 浓度升高有相应的反应。本章基于 FACE 平台和 OTC 装置，研究大气 CO_2 浓度升高对玉米生长及碳氮代谢物积累和代谢组的影响。

三、大气 CO_2 浓度升高对玉米产量及主要生理参数的影响

本节主要通过 FACE 田间试验实测数据，明确大气 CO_2 浓度升高对典型 C_4 作物玉米主要光合参数、形态指标、产量及产量组成结构、主要生育期叶片碳氮代谢物浓度的影响。

本研究依托的 FACE 平台位于北京市昌平区中国农业科学院试验基地。该试验基地经纬度为 $40.13°$ N，$116.14°$ E，海拔 72 米，属暖温带半湿润半干旱大陆性季风气候，1981—2015 年年平均日照时数 2 684 小时，全年无霜期 180～200 天，$\geqslant 10\,℃$ 年有效积温 4 200 ℃，多年平均气温 14℃，年均降水量 600 毫米，降雨主要集中在 7、8 月。试验地种植制度为"冬小麦-夏玉米/夏大豆"一年两熟，10 月到次年 6 月中旬为小麦季，6 月下旬至 9 月下旬为玉米或大豆季。试验基地处于山前平原，地下承压水较丰富，土壤类型属褐潮土，质地为黏壤土，2016 年秋季冬小麦播前耕层（0～20 厘米）土壤理化性质如表 4 - 1 所示。

表 4-1 2016 年秋冬小麦播前耕层（0～20 厘米）土壤理化性质

处理	土壤有机碳 （克/千米）	全氮 （克/千克）	速效磷 （毫克/千克）	速效钾 （毫克/千克）	pH （土水比 1∶5）
aCO$_2$	11.8	0.70	11.8	75.2	8.3

该 FACE 系统于 2007 年建立，主要包括 CO$_2$ 气体供应装置、控制系统和 CO$_2$ 传感器。FACE 圈由 8 根 CO$_2$ 气体释放管组成八边形，圈直径为 4 米，圈中心冠层上方 15 厘米处放置芬兰产 Vaisala CO$_2$ 传感器，用于监测圈内 CO$_2$ 浓度；同时设有气象站监测温度、湿度和风速等气象指标。CO$_2$ 浓度通过计算机程序控制，并根据具体风向和风速控制释放管电磁阀的开合度和方向，以实现预定浓度（550 微摩尔/摩尔）控制。夏玉米季每日放气时间为 6∶30—18∶30、夜间不通气。在玉米拔节期之前采用第一层 CO$_2$ 释放圈，高度在冠层上方 15 厘米处（随玉米生长动态调节）；大口期之后增设第二层 CO$_2$ 气体释放圈，两层圈同时供 CO$_2$ 气体。该平台 FACE 圈田间图见图 4-1。

图 4-1 北京昌平麦-豆/玉一年两作 FACE 圈田间图

试验在不同年份玉米季设置了 CO$_2$ 与不同氮素水平交互作用处理，有的年份在玉米季设置了低氮处理（LN）和常规氮肥用量（CN）两个水平，分别为 72 千克（N）/公顷和 180 千克（N）/公顷；磷肥用量 150 千克（P$_2$O$_5$）/公顷和钾肥用量 90 千克（K$_2$O）/公顷，各处理相同。不同玉米品种作为裂区设计分别种植于圈内东半侧和西半侧分别占据各一半的圈面积。2017—2020 年夏玉米期间田间处理设置及玉米品种如表 4-2，其中郑单 958 每年都有种植，裂区内另外一个品种各年份依试验目的不同而不同。所用氮肥为尿素、氮肥基追比为 4：6，分别于播前和大口期施入；磷肥和钾肥全部为基肥施入。玉米季一般灌溉两次，分别在播后和喇叭口期追肥前，灌溉量视墒情而定，如施肥期间有降雨则不进行灌溉或仅进行少量补灌。玉米株距 25 厘米、行距 55 厘米。

表 4-2　2017—2020 年 FACE 平台玉米季田间处理设置和玉米品种

年份	2017	2018	2019	2020
处理	/	LN - aCO$_2$	ZN - aCO$_2$	ZN - aCO$_2$
	CN - aCO$_2$	CN - aCO$_2$	CN - aCO$_2$	CN - aCO$_2$
	/	LN - eCO$_2$	ZN - eCO$_2$	ZN - eCO$_2$
	CN - eCO$_2$	CN - eCO$_2$	CN - eCO$_2$	CN - eCO$_2$
品种	郑单 958	郑单 958	郑单 958	郑单 958
（圈内裂区）	陕单 902	农大 108	农大 108	农大 108

注：aCO$_2$ 指常规 aCO$_2$ 浓度（CO$_2$ 浓度年平均值为 400 微摩尔/摩尔）；eCO$_2$ 指高浓度 CO$_2$（CO$_2$ 浓度为 550 微摩尔/摩尔）；ZN 指无氮；LN 指低氮用量（72 千克/公顷）；CN 指常规氮用量（180 千克/公顷）。

（一）大气 CO$_2$ 浓度升高对玉米产量的影响

4 年期间各处理下夏玉米产量显示（表 4-3），除 2020 年郑单 958 品种外，eCO$_2$ 在其余年份都未显示对玉米产量的效应。据国外 FACE 试验结果的报道，大气 CO$_2$ 浓度升高对 C$_4$ 作物产量的作用在作物受胁迫条件下（如干旱）才显示其对产量的显著补偿作用（Leakey 等，2006）。本试验地土壤基础地力中等且有灌溉条件，即使在降水量少的年份也有补充灌溉措施，非纯雨养条件，玉米生长季看似没有出现养分及水分胁迫而明显影响产量。即使是低氮或无氮处理，由于前季小麦照常施肥、玉米季水热同季且矿化高（李明等，2021），因此在同样 CO$_2$ 浓度下，除 2020 年郑单 958 品种外均未因土壤养分亏缺而造成明显的产量差异，eCO$_2$ 产量的效应没有充分体现。

此外，2018 年拷种结果显示，eCO$_2$ 处理玉米籽粒受虫害影响严重，特别是 2018 年农大 108 受虫害影响较为严重（eCO$_2$ 9/500 vs aCO$_2$ 3.5/500）。eCO$_2$。对其他作物的实验也有类似报道，美国伊利诺伊州的 SoyFACE 田间试验表明，eCO$_2$ 下针对玉米及大豆的植食性害虫数量增加（Dermody et al，2008）。针对小麦的 OTC 试验表明，eCO$_2$ 下小麦蚜虫的繁殖量及相对生长率都提高（陈法军等，2006）。针对 C$_4$ 作物谷子的 OTC 试验也表明，eCO$_2$ 下谷子灌浆期和收获期玉米螟数量显著增加，谷子穗重降低。这说明，为了全面评估 eCO$_2$ 对作物产量的影响，研究中还需要同步监测大气 CO$_2$ 浓度升高对玉米虫害发生的影响。

另外，在 2019 年和 2020 年试验期间都出现了短时极端大风，玉米发生了倒伏，虽然倒伏的玉米植株在之后 1 周后恢复，但对产量也产生了一定影响。

因此，由于产量受多种因素的综合影响，eCO_2 对 C_4 作物玉米的产量大部分年份都未显示显著作用，今后还需针对影响产量的其他因素进行跟踪研究（虫害、茎抗倒伏能力等），以综合解释大气 CO_2 浓度升高对玉米产量的影响。

表4-3 4年期间各处理下夏玉米产量

单位：吨/公顷

年份	降水量和降水次数	处理	不同品种产量	
2017	442.6 毫米 （12 次）		陕单 902	郑单 958
		aCO_2	9.57±0.12a	9.23±0.64a
		eCO_2	9.54±0.16a	9.68±0.49a
2018	349.6 毫米 （21 次）		农大 108	郑单 958
		LN－aCO_2	7.85±0.14a	8.38±0.23b
		LN－eCO_2	7.87±0.13a	8.40±0.11b
		CN－aCO_2	8.18±0.11a	9.22±0.07a
		CN－eCO_2	8.22±0.17a	9.31±0.02a
2019	255.1 毫米 （19 次）		农大 108	郑单 958
		ZN－aCO_2	8.64±0.55a	8.57±0.04b
		ZN－eCO_2	8.65±0.02a	8.69±0.16b
		CN－aCO_2	8.85±0.01a	9.02±0.11a
		CN－eCO_2	9.04±0.40a	9.15±0.19a
2020	412.1 毫米 （15 次）		农大 108	郑单 958
		ZN－aCO_2	6.73±0.38b	7.56±0.13d
		ZN－eCO_2	6.78±0.41b	8.30±0.25c
		CN－aCO_2	9.22±0.17a	10.02±0.05b
		CN－eCO_2	9.40±0.13a	10.50±0.15a

注：aCO_2 指常规 aCO_2 浓度（CO_2 浓度年平均值为 400 微摩尔/摩尔）；eCO_2 指高浓度 CO_2（CO_2 浓度为 550 微摩尔/摩尔）；ZN 指无氮；LN 指低氮用量（72 千克/公顷）；CN 指常规氮用量（180 千克/公顷）；每年产量各处理间不同字母表示处理间达到 5% 显著水平。

（二）大气 CO_2 浓度升高下玉米主要光合参数的响应

本 FACE 平台分别在 2017 年、2018 年和 2019 年对不同玉米品种在高大气

CO_2浓度下不同时期的光合作用主要参数进行了测定，多年结果显示，eCO_2下玉米功能叶净光合速率变化不显著，有时表现略高，但不具有普遍性。其中，表现比较一致的指标为，气孔导度显著降低（2017年为32.6%～50.0%、2018年为7.8%～35.0%、2019年为6.8%～25.4%）、胞间CO_2浓度显著升高（2017年为57.0%～143.2%、2018年为31.4%～72.3%、2019年为12.1%～52.9%）、蒸腾速率降低（2017年为1.3%～54.9%、2018年为3.6%～26.6%、2019年为4.1%～32.6%）及水分利用效率（2018年为6.2%～30.7%、2019年为3.2%～46.1%）提高。具体各年份的测定结果展示如下：

1. 2017年各处理光合参数的响应

陕单902为旱敏品种，但由于2017年玉米生长季降水量充足，大气CO_2浓度升高在生育期间内对玉米的净光合速率并未见显著影响。但高CO_2处理的气孔导度显著降低（32.0%～48.6%）、胞间CO_2浓度显著提高57.0%～143.2%、蒸腾速率在一些时期也显示显著降低（1.3%～54.9%）、同时大部分时期水分利用效率显著提升（20%～29%）（图4-2）。

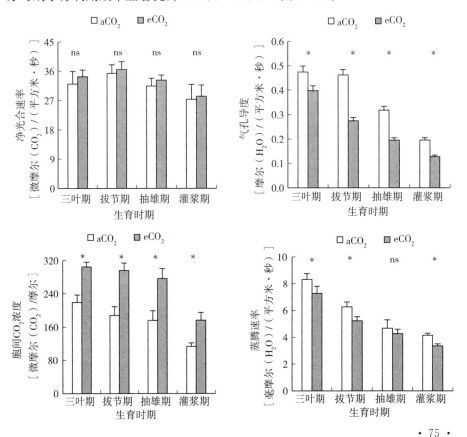

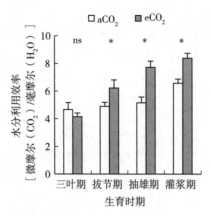

图 4-2 不同 CO_2 浓度下玉米功能叶主要生育时期光合参数（2017 年，陕单 902）

2. 2018 年各处理光合参数的响应

CO_2 浓度升高对玉米叶片的净光合速率有一定促进作用，以农大 108 为例（图 4-3 至图 4-7）一些时期如 R1 期叶片净光合速率显著增加。大气 CO_2 浓度升高条件下，玉米叶片的胞间 CO_2 浓度均极显著高于常规 CO_2 处理。大气

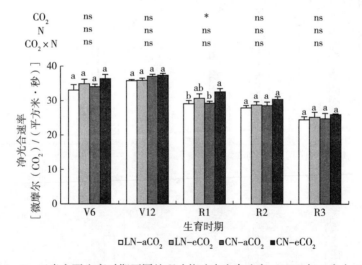

图 4-3 玉米主要生育时期不同处理功能叶净光合速率（2018 年，农大 108）

注：LN，CN 分别指低氮用量和常规氮用量处理，aCO_2 和 eCO_2 分别指常规浓度 CO_2 处理和高浓度 CO_2 处理。V6：六叶期；V12：大喇叭口期；R1：吐丝期；R2：吐丝后 20 天；R3：吐丝后 33 天。不同小写字母表示同一生育时期不同处理间差异达 5% 显著水平。ns 表示不显著，* 和 ** 分别表示同一生育时期 CO_2、氮肥及其交互作用在 $P<0.05$ 和 $P<0.01$ 水平显著。下同。

CO_2浓度升高减少玉米 V12 期和 R3 期叶片的气孔导度，增加了水分利用效率。在玉米整个生育期，常规施氮水平的叶片气孔导度数值均高于低氮水平，但仅在玉米 V12 期影响显著。与低氮水平相比，常规施氮量使叶片胞间 CO_2浓度在玉米的 R1 期和 R2 期增加，大气 CO_2浓度升高和不同施氮量交互作用显著增加了玉米 R1 期和 R2 期叶片胞间 CO_2浓度。在玉米的 R1 期，常规施氮水平下叶片的蒸腾速率较低氮水平显著增加，但 CO_2浓度升高和不同施氮量对玉米叶片蒸腾速率没有交互作用。不同施氮处理对气孔导度和蒸腾速率的影响与水分利用效率不同步，在玉米 R1 期和 R2 期，常规施氮水平使玉米叶片的水分利用效率减少，数据结果显示，CN - aCO_2处理下玉米叶片的水分利用效率值最低，LN - eCO_2处理的玉米叶片水分利用效率值最高，可见，在未来大气 CO_2浓度升高条件下，作物在水分利用方面有一定优势。

3. 2019 年各处理光合参数及 SPAD 值的响应

①光合参数：图 4 - 4 至图 4 - 8 为 2019 年农大 108 品种在玉米主要生育期光合参数测定结果，图 4 - 9 至图 4 - 13 为 2019 年郑单 958 品种在玉米生育期光合参数测定结果，数据显示 eCO_2提高了夏玉米功能叶胞间 CO_2浓度（Ci）、水分利用效率（WUE）以及一些时期的净光合速率（Pn）；eCO_2还降低了气孔导度（Gs）和蒸腾速率（Tr）。氮肥施用对夏玉米功能叶的影响与 eCO_2不同，氮肥使夏玉米功能叶气孔导度（Gs）和蒸腾速率增加（Tr），降低水分利用效率，而对净光合速率和胞间 CO_2浓度没有影响。②SPAD 值：eCO_2下夏玉米功能叶叶绿素相对含量 SPAD 值降低（图 4 - 9）。氮肥施用会增加功能叶叶绿素相对含量 SPAD 值。eCO_2和氮肥交互作用对夏玉米功能叶主要光合参数〔净光合速率（Pn）、胞间 CO_2浓度（Ci）、气孔导度（Gs）、蒸腾速率（Tr）、水分利用效率（WUE）〕和叶绿素 SPAD 值都没有明显的交互作用。

4. 大气 CO_2浓度升高条件下玉米叶片光合荧光参数的响应

叶绿素荧光技术作为光合作用的经典测量方法，已经成为研究植物生理生态功能的无损测定技术之一。从功能上讲，叶绿素可分为吸收和传递光能的叶绿素和参与光化学反应的叶绿素，大多数的叶绿素 a 和全部的叶绿素 b 都是参与吸收与传递光能的叶绿素；另有一部分叶绿素 a 位于光反应系统复合体上，起光反应中心的作用，它们吸收光能或接收从其他色素分子传递过来的能量，用于推动光化学反应的进行。

叶绿素分子得到能量后，会从基态（低能态）跃迁到激发态（高能态）。叶绿素分子在可见光光谱内有 2 个吸收区，红光区和蓝光区。叶绿素分子吸收蓝光量子后，电子就跃迁到能量较高的第二单线态；如果吸收红光，则跃迁到能量水平较低的第一单线态。处于第二单线态的叶绿素分子极不稳定，它以热

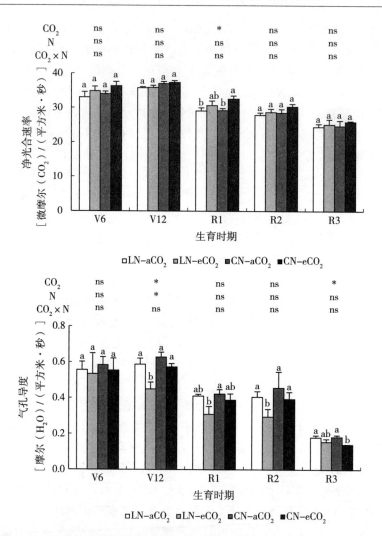

图 4-4　玉米主要生育时期不同处理功能叶气孔导度（2019 年，农大 108）

注：LN、CN 分别指低氮用量和常规氮用量处理，aCO_2 和 eCO_2 分别指常规浓度 CO_2 处理和高浓度 CO_2 处理。V6：六叶期；V12：大喇叭口期；R1：吐丝期；R2：吐丝后 20 天；R3：吐丝后 33 天。

的形式释放部分能量到第一单线态（纳秒级）。而处于第一单线态的叶绿素分子可以通过 4 种方式回到基态，第一种方式是吸收的光能以热能形式释放；第二种方式是以发射荧光的形式释放；第三种方式是叶绿素分子将吸收的光能向邻近的其他叶绿素分子迅速传递；第四种方式是色素分子将吸收的光能用于光化学反应。

　　在弱光条件下功能叶绿体的光化学反应量子产率为 95%，荧光量子产率

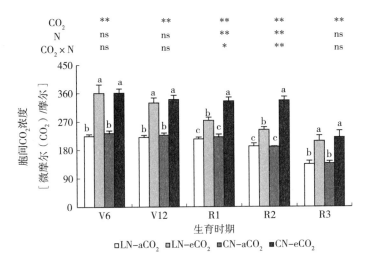

图 4-5　玉米主要生育时期不同处理功能叶胞间 CO_2 浓度（2019 年，农大 108）

注：LN、CN 分别指低氮用量和常规氮用量处理，aCO_2 和 eCO_2 分别指常规浓度 CO_2 处理和高浓度 CO_2 处理。V6：六叶期；V12：大喇叭口期；R1：吐丝期；R2：吐丝后 20 天；R3：吐丝后 33 天。

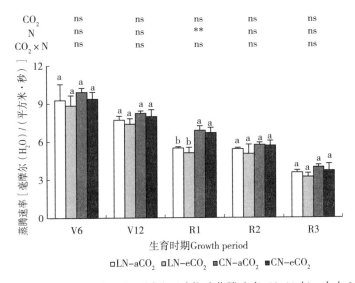

图 4-6　玉米主要生育时期不同处理功能叶蒸腾速率（2019 年，农大 108）

注：LN、CN 分别指低氮用量和常规氮用量处理，aCO_2 和 eCO_2 分别指常规浓度 CO_2 处理和高浓度 CO_2 处理。V6：六叶期；V12：大喇叭口期；R1：吐丝期；R2：吐丝后 20 天；R3：吐丝后 33 天。

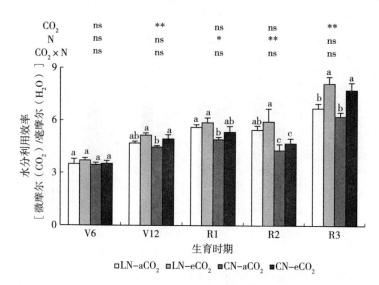

图 4-7 玉米主要生育时期不同处理功能叶水分利用效率（2019 年，农大 108）

注：LN、CN 分别指低氮用量和常规氮用量处理，aCO_2 和 eCO_2 分别指常规浓度 CO_2 处理和高浓度 CO_2 处理。V6：六叶期；V12：大喇叭口期；R1：吐丝期；R2：吐丝后 20 天；R3：吐丝后 33 天。

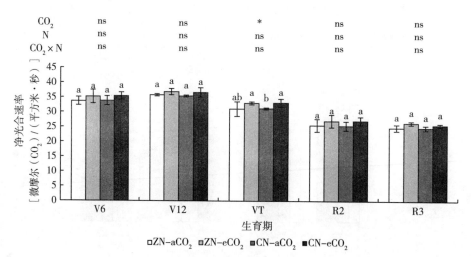

图 4-8 不同处理主要时期夏玉米功能叶净光合速率（2019 年，农大 108）

为 5%，其他途径的量子产率（如热耗散）可忽略。其中，荧光和热耗散都是对光化学反应无效的能量耗散，表示了植物叶片吸收的太阳能光量子在光反应中的能量损失或耗散。

本节主要通过相关测定和计算得出 2018 年夏玉米（农大 108 品种）主要

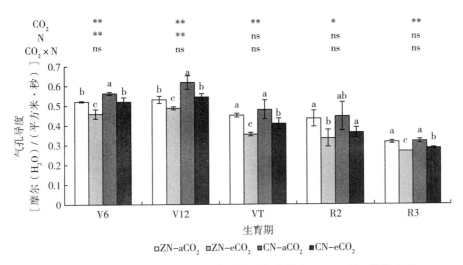

图 4-9 不同处理主要时期夏玉米功能叶气孔导度（2019 年，郑单 958）

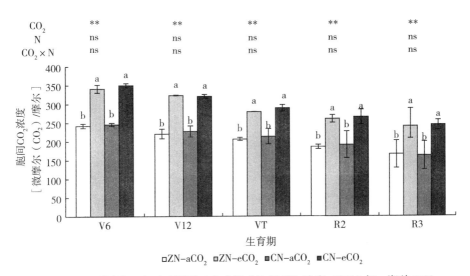

图 4-10 不同处理主要时期夏玉米功能叶胞间 CO_2 浓度（2019 年，郑单 958）

生育期吐丝期（R1 期）不同处理下穗位叶光系统 II（PS II）的主要荧光参数，包括有效光化学量子产量（F_v'/F_m'）、PS II 最大光化学量子产量（F_v/F_m）、光化学淬灭（Qp）以及非光化学淬灭（NPQ）。F_v'/F_m' 能够表征开放的 PS II 反应中心原初光能捕获效率；在暗适应下测得的 F_v/F_m 可表征 PS II 反映中心最大光能转换效率，一般在胁迫条件下数值降低；Qp 表征 PS II 吸收的光能用于光化学电子传递的比例，反映 PS II 的电子传递活性；NPQ 是

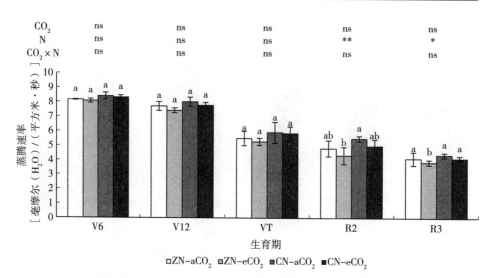

图 4-11 不同处理主要时期夏玉米功能叶蒸腾速率（2019 年，郑单 958）

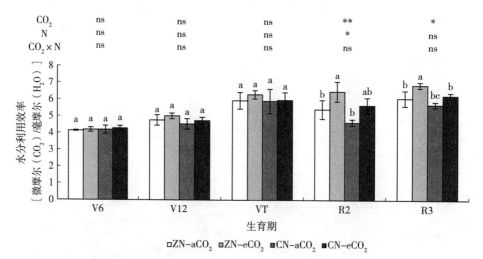

图 4-12 不同处理主要时期夏玉米功能叶水分利用效率（2019 年，郑单 958）

PSⅡ吸收的光能以热能形式耗散的部分。

由表 4-4 中测定数据可知，大气 CO_2 浓度升高对玉米功能叶 PSⅡ 有效光化学量子产量有显著促进趋势，适量增施氮肥可以促进 CO_2 肥效的发挥，eCO_2 显著提高了吐丝期穗位叶 PSⅡ 有效光化学量子产量，较 aCO_2 处理平均增加 9.9%；而在常氮水平下，eCO_2 使吐丝期穗位叶 F_v'/F_m' 显著增加 12.8%。其他生育期（苗期、喇叭口期、灌浆期、成熟期）不同处理各项荧光指标间没

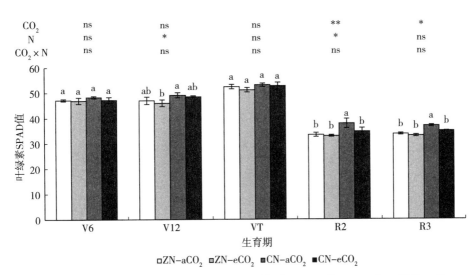

图 4 - 13 不同处理主要时期夏玉米功能叶叶绿素 SPAD 值（2019 年，郑单 958）

有显著变化，此处不再一一列举。

表 4 - 4 玉米吐丝期不同处理功能叶叶绿素荧光参数（2018，农大 108）

生育时期	处理	有效光化学量子产量 (F_v'/F_m')	最大光化学量子产量 (F_v/F_m)	光化学淬灭 (Qp)	非光化学淬灭 (NPQ)
吐丝期（R1）	LN - aCO$_2$	0.54±0.04b	0.79±0.01a	0.75±0.04a	0.46±0.03a
	LN - eCO$_2$	0.58±0.03ab	0.80±0.01a	0.79±0.02a	0.46±0.05a
	CN - aCO$_2$	0.55±0.01b	0.78±0.01a	0.77±0.03a	0.45±0.06a
	CN - eCO$_2$	0.61±0.01a	0.81±0.00a	0.81±0.02a	0.40±0.03a
显著性检验	CO$_2$	*	ns	ns	ns
	N	ns	ns	ns	ns
	CO$_2$×N	ns	ns	ns	ns

大气 CO_2 浓度升高对玉米穗位叶的 NPQ 有降低趋势，反映出 eCO_2 下穗位叶以热耗散损失的光能有降低的趋势，但 eCO_2 对 F_v/F_m 和 Qp 没有显著影响。

总之，大气 CO_2 浓度升高和适量增施氮肥互作，穗位叶 F_v'/F_m' 有所升高，NPQ 有所下降但不显著；大气 CO_2 浓度升高及氮素互作提升了玉米吐丝期光系统 II 吸收光能进行光化学反应的效率，降低了吸收的光能以热耗散方式的浪费，对改善该时期玉米光合能力有一定作用。

（三）大气 CO_2 浓度升高和氮肥对玉米不同组分碳氮代谢物浓度的影响

植物体内的碳水化合物按其存在形式可分为结构性碳水化合物（SC）和植物体内占比很高的非结构性碳水化合物（NSC）两大类。植物光合碳同化源库间的转运主要是以植物体内占比较高的 NSC 形式进行的，其对植株生理代谢过程和产量形成起直接作用（潘庆民等，2002）。碳代谢是碳水化合物代谢的简称，它主要包括三个方面，即碳水化合物之间的相互转化、复杂碳水化合物的合成与分解（包括呼吸作用）、以光合作用为主的碳同化等方面。氮代谢则涵盖了植物体内各种包含氮素的化合物的变化过程，该过程涉及多种物质的吸收、合成、分解及再次合成，如由铵态氮合成为氨基酸进一步合成为蛋白质的过程等。碳代谢和氮代谢是作物生长代谢过程的基础，贯穿作物的一生。在环境因素影响的背景下，植物生长发育过程中的诸多生理代谢过程都会发生相应的变化。这些生理过程包括光合作用各个过程及吸收矿质营养、合成蛋白质等。

碳代谢和氮代谢，后者的碳源和能量是由前者来提供，而后者又为前者提供了多种重要物质如光合色素和相关酶等，作物产量和品质的形成均是由包括以上两种代谢在内的多种代谢进程协同实现（申丽霞等，2009）。碳、氮代谢的协调程度，不仅是作物能否正常生长发育的关键，更是源-库关系协调的基础，最终在产量和品质上体现出来（阳剑等，2011；王强等，2006；戴明宏等，2011）。

作为光合底物，eCO_2 不仅会影响植物的光合作用过程，而且会影响碳氮代谢及产量形成（Elizabeth 等，2005）。eCO_2 对植物生长的影响还与养分供应及水分状况等环境因素密切相关（李伏生等，2002；Qiao 等，2010）。玉米花后储存在营养器官中的养分开始转移到籽粒中并决定粒重（孙立军，2014；母小焕等，2017）。作物光合作用对 eCO_2 的响应通常受到田间施氮量的影响和制约（李伏生等，2003）。

生产实践中气候变化是与各种环境因子共同交互存在的，关于多因素互作如 eCO_2 与氮肥对 C4 作物碳氮代谢及产量反应的互作效应研究还较少，本节以 FACE 平台 2019 年夏玉米为例，研究 eCO_2 及其与氮素互作对华北平原夏玉米产量及不同成分碳氮代谢组分的影响动态（以郑单 958 为例）。

1. 大气 CO_2 浓度升高和氮肥对功能叶主要碳同化产物的影响

花后是籽粒作物产量形成的关键期，本书对大气 CO_2 浓度升高和氮肥互作对玉米功能叶花后不同时期主要碳氮代谢物浓度（或质量分数）进行了研究，以 2019 年郑单 958 品种为例进行阐述。

　　功能叶中可溶性糖质量分数的高低，可反映植株体内光合碳合成及同化物的源供应水平。光合作用合成磷酸丙糖从叶绿体运输到细胞质中在多种酶的作用下合成为蔗糖，蔗糖是大部分植物碳同化物从源到库运输的主要形式（例如玉米），而由磷酸丙糖合成的淀粉则可暂时在叶绿体内积累，成为叶中最丰富的复杂碳水化合物储存形式；夜间光合作用停止时，叶中储存的淀粉可以降解，为作物的各项必需生理活动提供能量。

　　（1）可溶性糖。由图 4 - 14 可知，夏玉米抽雄期（VT）、籽粒建成期（R2）和乳熟期（R3）各处理功能叶可溶性糖质量分数的测定结果显示，VT期数值均较低，在 2.1%～2.8%；之后两次测定到的叶片中可溶性糖略有增加，在 3.2%～4.7%，到 R3 期基本保持稳定。

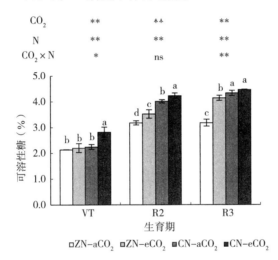

图 4 - 14　不同处理夏玉米花后功能叶可溶性糖质量分数
注：小写字母表示处理间在 5% 水平上的差异显著性。短线表示标准差。

　　分别对各生育期不同处理进行单因素方差分析，结果表明，eCO_2 单一因素下功能叶可溶性糖质量分数相比 aCO_2 处理显著增加（$P<0.05$）。其中 VT 期 eCO_2 处理在 CN 水平下可溶性糖比 aCO_2 处理显著提升 25.6%；在 R2 期，在 ZN 水平下显著提升 10.8%，CN 水平下显著提升 5.5%；在 R3 期，ZN 水平下显著提升 30.2%。单一 eCO_2 下功能叶淀粉质量分数比 aCO_2 处理增加。在 R3 期两种施氮水平下分别显著增加 8.2% 和 9.9%。在 VT 和 R2 期影响不显著。

　　氮素单一因素下，夏玉米功能叶可溶性糖质量分数相比无氮处理显著增加（$P<0.05$），其中 VT 期显著增加 16.8%；R2 期显著增加 23.0%；R3 期显著

增加 20.1%。施氮同样也对功能叶淀粉质量分数增加有促进作用，在 VT 期和 R3 期增加显著（$P<0.05$），增幅分别为 37.1% 和 13.4%。

对于双因素共同作用的处理（CN-eCO_2），功能叶可溶性糖质量分数也较 ZN-aCO_2 处理显著（$P<0.05$）增加，是 ZN-aCO_2 处理的 1.35 倍。本试验条件下，eCO_2 和氮肥施用对玉米功能叶淀粉质量分数未显示显著的交互作用。

可见，eCO_2 和氮肥及其交互作用均会使夏玉米功能叶可溶性糖质量分数增加，两因素为相互促进作用，且 eCO_2 的增加作用高于氮肥。eCO_2 和氮肥均会促进功能叶中淀粉质量分数的增加，但是交互作用不显著。

（2）淀粉。植物在进行光合作用时，淀粉在叶绿体内积累，成为叶中最丰富的复杂碳水化合物储存形式；夜间光合作用停止时，叶中储存的淀粉可以降解，为植物的各项必需生理活动提供能量。淀粉是玉米籽粒中碳水化合物的主要成分，其在功能叶中有积累主要是由于光合产物（磷酸丙糖）在功能叶中积累盈足而促进了其合成。

由图 4-15 可知，夏玉米开花吐丝后穗位叶淀粉浓度在 4.7%～6.8%，变幅波动不大。

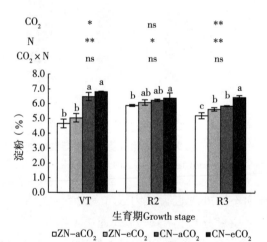

图 4-15　不同处理夏玉米花后功能叶淀粉质量分数

单因素方差分析表明，eCO_2 使玉米开花后功能叶淀粉浓度含量在灌浆后期显著增加，ZN 和 CN 水平下分别比 aCO_2 处理显著增加 8.2% 和 9.9%。在 VT 和 R2 期影响不显著。

施氮使功能叶淀粉浓度呈增加趋势，其中在 VT 期和 R3 期增加显著，增幅分别为 37.1% 和 13.4%。

双因素方差分析结果显示，在本试验条件下 eCO_2 和氮肥施用对玉米穗位叶淀粉浓度含量没有显示显著的交互作用。

（四）大气 CO_2 浓度升高和氮肥互作对功能叶不同组分氮同化物的影响

1. 可溶性含氮化合物

作物从土壤中吸收无机氮的形式为铵态氮和硝态氮，其中旱地农田土壤中速效氮的主要形式是硝态氮。作物吸收硝态氮后，在硝酸还原酶的作用下将硝态氮同化为铵态氮，随后进入氨基酸及蛋白质合成过程。游离氨基酸是植株氮素在合成结构性氮组分前的氮素过渡形态。可溶性蛋白是植株体内诸多生理活动所必需的酶的组成结构，对作物体内光合作用、物质代谢及物质转运等起着重要作用。

由图 4-16 可知，各处理功能叶硝态氮质量分数从夏玉米抽雄期（VT）、籽粒建成期（R2）至乳熟期（R3）呈先升高后降低的趋势，VT 期硝态氮质量分数在 532.4～730.91 微克/克；R2 期较高，在 824.7～915.3 微克/克；R3 期硝态氮质量分数较低，在 532.4～730.9 微克/克。各处理功能叶游离氨基酸质量分数的测定结果表明，玉米从抽雄吐丝开始，功能叶游离氨基酸质量分数随生育进程的推进总体略呈降低趋势，数值范围在 278.3～420.8 微克/克。各处理功能叶单位叶面积可溶性蛋白质量分数的测定结果表明，在 R3 期出现下降趋势，质量分数为 1 039.7～1 358.5 毫克（N）/平方米。

各生育期不同处理间单因素方差分析表明，eCO_2 单一处理下功能叶硝态氮和游离氨基酸质量分数相比 aCO_2 处理有增加趋势，但未达显著水平；单一 eCO_2 处理下 VT 期 CN 水平下单位叶面积可溶性蛋白质量分数显著增加 11.0%（$P<0.05$），其余处理差异不显著。氮素单一处理后夏玉米功能叶硝态氮、游离氨基酸质量分数和单位叶面积可溶性蛋白质量分数显著增加（$P<0.05$），CN 处理平均（CN-aCO_2 和 CN-eCO_2）分别比 ZN（ZN-aCO_2 和 ZN-eCO_2）处理平均在 VT 期、R2 期和 R3 期的功能叶硝态氮质量分数显著增加 32.6%、8.8%和 26.0%，游离氨基酸质量分数分别增加 14.3%、7.2%和 11.1%，单位面积可溶性蛋白质量分数分别增加 17.7%、14.6%和 6.3%。eCO_2 和氮肥施用对玉米功能叶硝态氮和游离氨基酸质量分数没有显示显著的交互作用，只在 VT 期显示可溶性蛋白显著（$P<0.05$）增加 23.7%。

因此，在本试验条件下，氮肥单独施用会显著增加夏玉米功能叶可溶性含氮化合物硝态氮、游离氨基酸和单位叶面积可溶性蛋白质量分数；eCO_2 单独作用对夏玉米功能叶硝态氮和游离氨基酸质量分数的增加有一定促进作用，但未达显著水平；eCO_2 也仅在 CN 水平下显著增加抽雄期功能叶单位叶面积可溶性蛋白质量分数。交互作用显示，eCO_2 会削弱氮肥对功能叶硝态氮和游离氨基酸质量分数的增加作用；eCO_2 仅在 VT 期显示会有显著促进氮肥处理增加功能叶单位面积可溶性蛋白质量分数的作用，后期作用不显著。

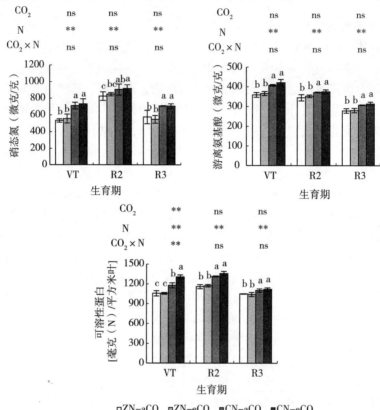

图 4-16　不同处理夏玉米花后功能叶硝态氮、游离氨基酸和可溶性蛋白质量分数

2. 非溶性氮素化合物

与可溶性蛋白相比，类囊体氮和细胞壁氮属非溶性结构氮，在总氮供应不足的情况下，可溶性蛋白对作物各项生理活动的必要性比结构性氮（如细胞壁氮）更为迫切。细胞壁氮是作物细胞壁的主要构成组分，其在调节气孔导度、影响光合速率方面有一定作用。类囊体是叶绿体内光合作用的反应场所，类囊体氮素是光合器官氮素的组成部分。

根据图 4-17，在夏玉米抽雄期（VT 期）、籽粒建成期（R2 期）和乳熟期（R3 期）对各处理功能叶细胞壁氮素和类囊体氮素单位叶面积质量分数测定结果表明，CN 水平下单位面积细胞壁氮质量分数在花后基本稳定在一定数值范围内，在 330.8～393.5 毫克（N）/平方米。单位面积类囊体氮素质量分数花后呈现逐渐降低趋势，在 342.2～139.7 毫克（N）/平方米范围内变化。各时段不同处理间单因素方差分析表明，eCO_2 单一作用会降低夏玉米功能叶单位面积内细胞壁氮素和类囊体氮素的质量分数，具体表现为 eCO_2 水平下细胞壁氮素的降低在 VT 和 R2 期都较为显著，在 ZN 和 CN 下分别比 aCO_2 处理显著（$P<0.05$）降低 23.0% 和 11.0%；在 R2 时期，ZN 和 CN 水平下降低幅度分别为 8.1% 和 15.5%；eCO_2 下类囊体氮素的降低在 VT 时期和 R3 时期 CN 水平下较为显著，VT 时期 ZN 和 CN 下分别显著（$P<0.05$）降低 21.0% 和 14.1%，R3 时期 CN 水平下比 aCO_2 处理显著（$P<0.05$）降低 24.6%。氮肥单一作用会显著（$P<0.05$）增加夏玉米功能叶单位面积非溶性氮素化合物质量分数，具体表现为在 VT 期、R2 期和 R3 期，CN 处理平均（CN‐aCO_2 和 CN‐eCO_2）分别比 ZN（ZN‐aCO_2 和 ZN‐eCO_2）处理细胞壁氮素显著（$P<0.05$）增加 53.1%、24.4% 和 18.8%，类囊体氮素分别显著（$P<0.05$）增加 26.0%、27.3% 和 37.9%。双因素方差分析结果显示，eCO_2 和氮肥施用对功能叶细胞壁氮仅在 R2 时期有明显的交互作用，对类囊体氮素仅在 R3 时期有正交互作用，其余时期交互作用不显著。

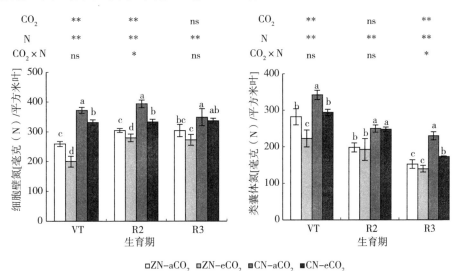

图 4‐17 不同处理夏玉米花后单位面积功能叶细胞壁氮素和类囊体氮素质量分数

可见，本试验条件下 eCO_2 处理玉米功能叶单位叶面积非溶性氮素化合物的质量分数减少，氮肥施用则无疑会促进非溶性氮化合物质量分数增加。两因素交互作用使 R2 期细胞壁氮素和 R3 期类囊体氮素质量分数增加。

（五）CO_2浓度升高和氮肥对叶片总碳、总氮和碳氮比的影响

叶片总碳包括叶片中所有形式的碳合成及代谢物，是结构性碳和非结构性碳的总量。叶片总氮也是指叶片内所有吸收及同化代谢物中的氮，包括非结构性氮（如硝态氮、氨基酸）和结构性氮（如可溶性蛋白、类囊体氮、细胞壁氮等），是叶片内氮素总体状况的反映。不同时期叶片碳氮比能反映植株体内碳氮养分总体合成或供应状况。

在夏玉米抽雄期（VT 期）、籽粒建成期（R2 期）和乳熟期（R3 期）各处理功能叶总碳质量分数的测定结果显示（图 4 - 18），夏玉米花后功能叶总碳质量分数在 41.4%～44.4%，从抽雄期开始随生育进程的发展，功能叶总碳总体呈现降低趋势。功能叶总氮质量分数从抽雄到完熟期也总体呈降低趋势，质量分数在 2.2%～3.2%，功能叶内的养分逐渐向籽粒转移，叶片逐渐趋向衰老。碳氮比总体呈升高趋势，从抽雄期的（13.8～16.7）：1 增至乳熟期的（16.1～19.3）：1，表现为氮向籽粒转移。

各生育期不同处理间单因素方差分析结果表明，eCO_2 单一作用下功能叶总碳质量分数比 aCO_2 处理增加。在 VT 期，eCO_2 处理 ZN 水平下总碳比 aCO_2 处理显著升高 1.7 个百分点（$P<0.05$）；在 R2 期 CN 水平下，显著升高 1.5 个百分点（$P<0.05$），其余时期 eCO_2 对各处理的影响未达显著水平。eCO_2 单一作用下功能叶总氮质量分数总体略低于 aCO_2，各时期差异都未达显著水平。eCO_2 单一作用对功能叶碳氮比增加的影响主要在 R2 时期 ZN 水平下影响显著（$P<0.05$），显著增加 7.2%。

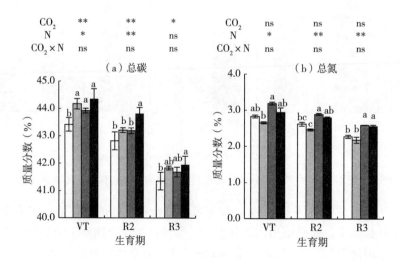

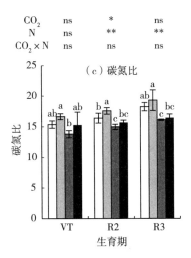

图 4-18 不同处理下夏玉米花后功能叶总碳、总氮和碳氮比

氮肥单一作用对夏玉米功能叶总碳质量分数影响不显著，仅在 R2 期比不施氮处理显著增加了 1.1 个百分点（$P<0.05$）。单一氮素处理会显著增加各生育期功能叶总氮，各时期 CN 处理比 ZN 处理总氮质量分数高 11.7%～17.0%（$P<0.05$）。单一氮素处理下 C/N 在灌浆后期显著降低，降低幅度为 9.8%～13.4%，归因于施氮对叶片总氮的增加效果显著（$P<0.05$）。

可见，本试验条件下，单一 eCO_2 因素会促进夏玉米功能叶总碳质量分数的增加，而总氮质量分数降低，碳氮比增加。单一氮肥因素对夏玉米功能叶各生育期总碳质量分数的影响不显著，会显著增加功能叶总氮，降低功能叶碳氮比。二者交互作用对夏玉米功能叶总碳、总氮和碳氮比均无显著影响。

四、大气 CO_2 浓度升高及氮肥对玉米碳氮代谢的影响

（一）大气 CO_2 浓度升高对玉米碳氮代谢的影响

单因素 eCO_2 可以促进夏玉米花后功能叶碳代谢增加，导致可溶性糖、淀粉和总碳质量分数在多数处理下显著增加，这与茶叶幼苗在 eCO_2 条件下叶片可溶性糖（蒋跃林等，2006；Li 等，2019）、淀粉和总碳增加（Li et al，2017）的研究结果一致，主要由于 CO_2 是光合作用的底物，eCO_2 使作物净光合速率提高进而促进了光合产物可溶性糖的积累。

单因素 eCO_2 下夏玉米花后功能叶可溶性含氮化合物指标硝态氮、游离氨

基酸及可溶性蛋白的质量分数略微增加但不显著，这些指标均是作物生理过程中的简单氮组分。这与有研究报道的 eCO_2 下棉花苗期（陈法军等，2004）和四季豆四叶期叶片（钱蕾等，2015）游离氨基酸提高、药用植物生长后期叶片可溶性蛋白增加（何梅等，2020）的结果一致。本章的 FACE 试验测定结果显示，玉米叶片中一些非溶性氮素化合物（如细胞壁氮和类囊体氮）的质量分数在后期显著降低，说明 eCO_2 下一些组成复杂的结构氮组份的合成可能受限。这也可能与长期 eCO_2 下的光合适应现象有一定关系，即淀粉和糖的过量积累引起类囊体与基粒的破坏。在多种作物（Sawada 等，2001；Stitt 等，2006）上的研究结果表明，eCO_2 对非结构性碳有促进效果，而对类囊体氮素（结构性氮）在后期有抑制效果，这与本试验的结果是一致的。

单一 eCO_2 因素下功能叶总氮质量分数总体略低于 aCO_2，出现这种现象的原因可能是由于作物体内碳水化合物的增加而稀释了总氮的质量分数，总体会使碳氮比增加，这种现象在 VT 时期和 R2 时期细胞壁氮素质量分数上有所体现。该现象与水稻在 eCO_2 后植株地上部碳养分累积量增加、植株 C/N 增加（Zhu 等，2012；张立极等，2015）有关。

总体来讲，本试验条件下，eCO_2 显著促进功能叶中碳同化物可溶性糖及淀粉的质量分数增加；eCO_2 对不同组分氮同化物的影响，主要是促进了关键生育期可溶性蛋白积累，但花后作用不显著。

（二）氮肥及其与 eCO_2 互作对玉米碳氮代谢的影响

单一氮肥因素会显著增加花后功能叶简单碳组分可溶性糖、灌浆前期和后期淀粉质量分数，对总碳的增加作用不显著。单一氮素处理后夏玉米功能叶可溶性含氮化合物、非溶性氮素化合物（细胞壁氮素和类囊体氮素）和总氮质量分数均显著增加，这与关于施用氮肥对玉米碳氮代谢物浓度变化的相关研究结果（母小焕，2017；红艳，2018；Mu 等，2018）一致。

本 FACE 试验研究结果表明，不施氮处理玉米功能叶各项氮代谢指标在反映氮素供应及代谢方面均较为敏感，其中非溶性氮素化合物（平均降低31.3%）对于不施氮的敏感程度高于可溶性含氮化合物（平均降低 15.4%）。也进一步说明结构性氮组分（细胞壁氮及类囊体氮）质量分数增加的滞后性。同时，这与有研究关于常规施氮和不施氮处理下，类囊体氮素动态变化在花后出现快速下降的时间均明显早于可溶性蛋白出现快速下降时间（Mu 等，2018）的结果一致。

eCO_2 和氮肥的交互作用下夏玉米功能叶简单组分碳同化物-可溶性糖质量分数增加，两因素为相互促进作用，且 eCO_2 的增加作用大于氮肥的作用，而对功能叶淀粉质量分数则没有显著影响。这可能是由于 C_4 作物对 CO_2 的亲和力高，因此，结构碳组分淀粉对外界 eCO_2 及氮肥施用的交互作用反应不敏感（Sage 和 Kubien，2007）。有针对棉花的 OTC 试验表明，eCO_2 下植株体内氮素转化的 2 个关键酶即硝酸还原酶和谷氨酰胺合成酶的活性都受到抑制，使氮素吸收后的转化及同化受阻；不过在氮素供应水平提高后，酶的活力也有所提升（高慧璟等，2009）。

eCO_2 和氮肥交互作用在改进作物氮供应、形态构成和光合反应方面有一定潜在促进作用，表现为某些时期（如抽雄期）关键组分质量分数的增加。

本试验条件下 eCO_2 使夏玉米功能叶碳代谢显著增加而氮代谢中结构氮组份的质量浓度在后期则略有降低；而本试验中氮肥使功能叶碳代谢略微增加、氮代谢显著增加；eCO_2 和氮肥的交互作用对总碳、总氮和碳氮比的影响不显著。本探索试验由于试验地等方面的限制没有体现更多氮水平梯度，未能全面反映二者交互作用对生物量和产量的多种情况。

综合本章基于 FACE 平台的 eCO_2 和氮肥施用对玉米碳氮代谢的试验结果，可以得知，在大气 CO_2 浓度升高条件下适当施氮对碳氮代谢协调及玉米生物量和产量及部分产量构成因素有一定促进作用，达到资源协调利用和高产优质的农业生产目标，但结构性氮（如细胞壁氮素与类囊体氮素）在关键生育期（如抽雄吐丝期）的合成及供应仍有不足，碳氮代谢协调的深层机制依然有待进一步深入研究。此外，大气 CO_2 浓度升高对氮代谢物的作用也可能与试验供试品种对氮肥的敏感程度有关（本实验中农大 108 品种对不同组份氮代谢物的质量分数影响不如郑单 958 显著，具体见李明等，2021），需设置更多的不同氮肥梯度及氮效率品种验证 eCO_2 下碳氮代谢及其产量反应，并关注病虫害等情况，综合评判大气 CO_2 浓度升高及与其他环境和管理因素（干旱、氮素）共同影响下的效应。

（三）大气 CO_2 浓度升高对玉米转录组的影响

作为全球气候变化的重要环境因子，大气 CO_2 升高影响很多植物的光合同化和光呼吸等碳代谢途径，同时也影响次生代谢产物如 C_3 植物水杨酸（Salicylic acid）和 C_4 植物萜类抗毒素（terpenoid phytoalexins），进而改变植物的抗逆能力。

近年来，随着代谢组学相关的高通量测序技术的飞速发展，研究人员得以在基因表达水平上解析气候变化影响植物生理过程的分子机制（Clavel 等，2005）。例如，关于拟南芥的研究表明，大气 CO_2 浓度升高改变了开花（Springer 等，2008）、碳积累、防御、氧化还原控制、运输、信号、转录和染色质重构等相关基因的表达（Li 等，2008；May 等，2013）。大气 CO_2 浓度升高也改变了杨树（Tallis 等，2010）、甘蔗（De Souza 等，2008）、重衣藻（Fang 等，2012）和大豆（Ainsworth 等，2006）等植物的基因表达。对于具有特殊光合代谢途径的 C_4 植物，由于此类植物具有特殊的光合器官结构，将 CO_2 研究集中在 Rubisco 活性位点上，从理论上讲，大气 CO_2 浓度的增加对其光合作用的影响较小（Barnaby 和 Ziska，2012）；然而，在气候变化过程中，大气 CO_2 浓度升高同时会导致气温升高。本节将试图解释大气 CO_2 浓度升高和气温升高及其交互作用对玉米转录组的影响，进而解析大气 CO_2 浓度升高对玉米各种生理活动的影响，如大气 CO_2 浓度和温度升高如何共同影响玉米光合生理，以及其他代谢，如蛋白积累、养分代谢等。

解析大气 CO_2 浓度和温度升高影响玉米生产的作用机理，应将基因调控的生理功能与气候变化下的植物生长和生产力建立联系，以便系统了解未来气候变化将会对玉米产量所产生的影响。目前，有关于 CO_2 浓度升高对玉米转录组的影响研究尚不系统，Ge 等（2018）利用气候生长箱解析了玉米在短期（14 天）CO_2 升高条件下的转录组响应。本节针对在东北气候条件下，利用开顶式植物生长气候室（OTC）（$45°41'N$，$126°38'E$）对大气 CO_2 浓度和温度升高进行实验模拟（Yu 等，2016；Chaturvedi 等，2017），提供玉米关键生育期（吐丝期）对气候变化响应的转录组学证据。

1. 转录组研究所用 OTC 装置及测定方法

植物基因在不同的环境因素下有不同的表达，随着高通量转录组分析技术的广泛应用（Prins 等，2001；Ainsworth 等，2006；Ge 等，2018），这种分析成为可能。本节内容在模拟气候变化方面，采用大气 CO_2 浓度调控系统（Beijing VK2010，China）对 OTCs 内的大气 CO_2 浓度进行实时监测，并调节 CO_2 浓度使其维持在 550 ppm（eCO_2），同时在 OTC 中增加了温度控制系统，可以实时控制 OTC 内温度与环境温度差异，通过内循环制冷设计精确调控 OTC 的温度，使得 OTC 内温度与环境温度一致，或者比环境温度提高 2℃（eT）（图 4 - 19）；OTC 内光合有效辐射（PAR）波长为 409～659 毫米，透光率达 95% 以上，不影响植物的光合作用。玉米（新玉 998）种植在 4 个气候条件下，即正常大气 CO_2 浓度 400 ppm（aCO_2）＋环境温度（aT）（aCO_2＋aT）、CO_2 浓度升高（550 ppm）（eCO_2＋aT）、温度升高（aCO_2＋eT）及 CO_2 浓度和温度同时升高（eCO_2＋eT）。从叶片中提取 RNA 经构建文库反转录为 cDNA 样品后，利用 Illumina NovaSeq 测序仪进行测序，获得转录组测序序列信息（表 4 - 5）。其中，长度超过 1 800 bp 的序列共有 99 410 条，且各处理重复间的平均相关系数为 0.901（Huang 等，2019）；由于植株在稳定的可控环境中生长，重复间的转录组样本数据差异是可以接受的。

图 4-19 开顶式植物生长气候室（Open Top Chamber，OTC）模拟
大气 CO_2 浓度和温度升高装置（$45°41'N$，$126°38'E$）

表 4-5 玉米吐丝期在大气温度和 CO_2 浓度升高条件下转录组测序基本信息

处理	测序读长数 Clean reads	测序碱基数 Clean bases	GC 含量（%）	Q30（%）
CK	45 391 872～ 46 179 696	6 638 113 375～ 6 776 751 196	54.63～58.16	93.68～94.23
eCO_2	50 132 260～ 59 891 866	7 364 561 459～ 8 796 304 389	54.71～55.75	94.07～94.27
eT	50 607 362～ 66 644 084	7 432 315 245～ 9 767 597 205	54.40～54.58	93.85～94.48
eCO_2+eT	48 572 206～ 58 164 018	7 114 110 092～ 8 528 727 928	54.65～61.63	93.33～93.82

注：Q30 代表碱基质量分数，即碱基正确读取率大于 99.9% 的比例。

2. 大气 CO_2 浓度升高条件下玉米转录组基因的差异表达及功能注释

测定结果发现，在气候变化条件下，玉米 DEGs 的比例不超过总基因数的 1%。与对照相比，大气 CO_2 浓度升高、温度升高以及二者同时升高条件下，玉米叶片中分别有 1 966 个、2 732 个和 271 个差异表达基因（DEGs）（图 4-20A）。其中，大气 CO_2 浓度升高导致了 741 个基因上调表达和 1 225 个基因下调表达，而大气 CO_2 浓度和温度同时升高处理中上调表达和下调表达的基因分别有 141 个和 130 个（图 4-20B）。

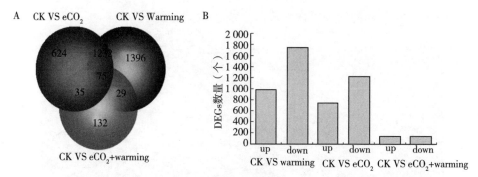

图 4 - 20 大气 CO_2 浓度升高（eCO_2），温度升高（eT）及两者同时升高对差异
表达基因（A），以及上调表达和下调表达的差异基因（B）的影响

通过基因本体（Gene Ontology，GO）数据库注释的差异基因，总体分为细胞成分、分子功能和生物学过程三部分（图 4 - 21）。与正常 CO_2 浓度相比，大气 CO_2 浓度升高的玉米叶片差异基因有 47 个得到 GO 注释，其中在生物学过程、细胞组分和分子功能富集的差异表达基因分别有 749 个、499 个和 673 个。大气 CO_2 浓度和温度同时升高处理叶片中的差异表达基因有 37 个得到 GO 注释，其中在生物学过程、细胞组分和分子功能中富集的差异表达基因分别有 102 个、59 个和 101 个。

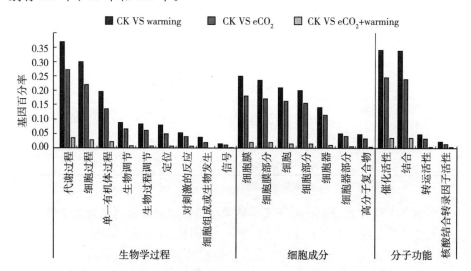

图 4 - 21 大气 CO_2 浓度升高（eCO_2），温度升高（eT）及两者
同时升高对玉米叶片差异表达基因的 GO 富集分析
注：横轴是 GO 功能下三个主要类别的二级注释。左纵轴表示差异表达基因占总注释基因的百分比，右纵轴表示在 GO 二级注释中富集的差异表达基因个数。

为了进一步评估这些差异表达基因的生物学功能，通过与 KEGG（Kyoto
Encyclopedia of Genes and Genomes）数据库进行比对，对差异表达基因所参
与的代谢通路进行了分析。同对照相比，代谢通路在大气 CO_2 浓度升高以及
CO_2 和温度同时升高条件下表现差异表达基因富集现象（图 4 - 22）。大气 CO_2
浓度升高主要影响光合作用和碳水化合物合成代谢通路的差异表达基因富集。
大气 CO_2 浓度和温度同时升高的作用下，只有植物激素信号转导，甘氨酸、丝
氨酸、苏氨酸，及淀粉和蔗糖代谢通路差异表达基因得到了富集。

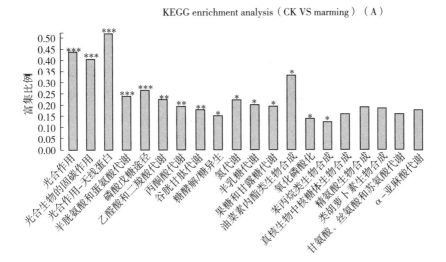

KEGG enrichment analysis（CK VS marming）（A）

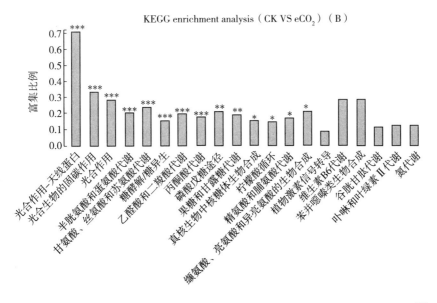

KEGG enrichment analysis（CK VS eCO$_2$）（B）

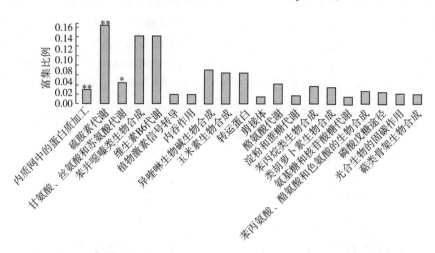

图 4-22　温度升高（eT）（A），大气 CO_2 浓度升高（eCO_2）（B）和两者
同时升高（C）对玉米叶片中差异表达基因的 KEGG 富集分析

注：横轴为代谢途径，纵轴为每个通路的注释基因占总注释基因的比例。＊和＊＊分
别表示 $P < 0.05$ 和 $P < 0.01$。

3. 大气 CO_2 浓度升高对光合相关基因表达的影响

大气 CO_2 浓度升高对光合作用、光合生物的碳固定、主要和次要等代谢途径产生重要的影响（图 4-21、图 4-22、图 4-23）。CO_2 浓度升高主要抑制了参与光合作用和糖代谢途径的相关基因的表达。大气 CO_2 浓度升高导致了玉米叶片中编码 PsbY、PsaK、PetF、PRK、LHCB1、rbcS、GST30、glgC、ppdK、WAXY、pfkA、PDHB、DLAT、GST15、ALDO、BX4、MDH1、DLD、GLUL、MDH2、P5CS、POP2 及 thrC 的基因下调表达，这些基因参与糖酵解（Glycolysis）、乙醛酸循环（Glyoxylate）和二羧酸代谢（Dicarboxylate metabolism），以及果糖（Fructose）和甘露糖（Mannose）代谢（图 4-22、图 4-23）。由于大气 CO_2 浓度升高会对光合作用和糖代谢途径产生刺激（Long 等，2004；Ainsworth，2008；Dermody 等，2018），因此，大气 CO_2 浓度升高会使大多数 C_3 植物体内积累如果糖、葡萄糖和蔗糖等光合同化碳产物。大气 CO_2 浓度升高的条件下，玉米编码糖代谢相关的酶如 LDH、ALDO、glgC 和 WAXY 的基因下调表达，这可能与玉米对 CO_2 浓度升高的响应有关，因为大气 CO_2 浓度升高会使叶片中积累大量的碳水化合物，对相关糖的代谢通路产生了抑制作用，因此大气 CO_2 浓度升高未对玉米生物量产生影响（Huang

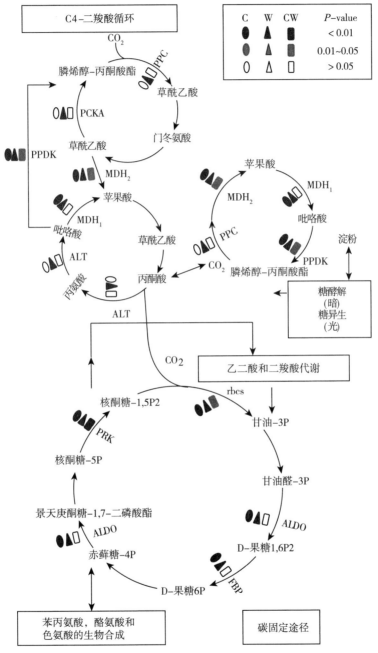

图 4-23　大气 CO_2 浓度升高、温度升高及两者共同升高对叶片中差异
　　　　表达基因在光合作用、糖、初级和次级代谢通路中的富集影响

注：C、W 和 CW 分别代表 eCO_2、温度升高和二者同时升高。

等，2019）。此外，参与乙醛酸循环和二羧酸盐代谢的 *PRK* 基因可以催化 5 - 磷酸核酮糖（Ribulose - 5P）向 1，5 - 二磷酸核酮糖（Ribulose - 1，5P$_2$）转化，而 *PRK* 基因的下调表达会对相关代谢通路产生不利影响。

4. 大气 CO_2 浓度升高对碳水化合物合成相关基因的影响

由大气 CO_2 浓度升高所引起的玉米糖代谢途径受到抑制可能会导致参与光合作用通路的相关基因下调表达。在大气 CO_2 浓度升高使得参与玉米光系统 I（PSI）的 PsaD、PsaF、PsaG 及 PsaK 的基因以及光系统 II（PSII）的 PsbY、Psb27、Psb28、PetE 和 PetF 的基因显著下调表达。Chen 等（2005）和 Ainsworth 等（2005）发现，长期暴露于高 CO_2 浓度下的叶片中会积累大量的碳水化合物从而降低植物的光合能力。由于 C$_4$ 作物在光合作用中具有 CO_2 富集机制（CCM）（Yin 等，2016），而叶片的光合作用又与 1，5 - 二磷酸核酮糖羧化酶（Rubisco）密切相关。在玉米的研究中发现，编码与 Rubisco 相关的亚单位 *rbcS* 的基因受到抑制，这与大气 CO_2 浓度升高会诱导小麦和豌豆中亚单位 *rbcS* 的基因下调表达的结果相一致（Takatani 等，2014；Yin 等，2016；Zhang 等，2018），但光合能力与 *rbcS* 基因表达之间的关系对大气 CO_2 浓度升高的响应还有待进一步研究。此外，*PPDK* 基因的下调表达可能会影响 C$_4$ - 二羧酸途径（C$_4$ - dicarboxylic acid cycle）中的磷酸烯醇式丙酮酸（Phosphonend - pyruvate，PEP）、草酰乙酸（Oxaloacetate）和丙氨酸（Alanine）的合成与分解（Zhang 等，2018）。

5. 大气 CO_2 浓度和温度升高对基因表达的影响

温度升高同样也抑制了与光合作用相关的基因表达（图 4 - 24），导致了参与 PSI 的 PsaD、PsaF、PsaG、PsaK、PsaL 及 PsaO 的基因和参与 PSII 的 PsbA、PsbO、PsbP、Psb27、Psb28、PetE 和 PetF 的基因显著下调表达。温度升高不仅对与光合作用有关的生化反应酶有影响，还会影响叶绿体膜的流动性和完整性（Way 等，2015）。在目前的大气 CO_2 浓度下，光合作用主要受到 Rubisco 酶活性的限制。有研究表明，温度升高会影响叶片 Rubisco 羧化酶的表达，从而降低了 Rubisco 酶的活性，进而影响电子传递所涉及的酶活性（Crous 等，2013）。初步研究发现玉米叶片温度与气温之间存在显著的相关关系（$r=0.948$，$P<0.001$）。当叶片温度超过了植物生长的最适温度范围时，可能会打破叶绿素生物合成和分解代谢的平衡，导致叶片叶绿素含量降低（Tewari 和 Tripathy，1998；Zhou 等，2016）。因此，由于温度升高而引起的叶片温度升高可能会抑制植物的光合作用（Zhou 等，2016），这些受损的光合代谢产物可能导致了玉米叶绿素浓度的下降。

此外，温度升高还从根本上影响了半乳糖代谢和氮代谢等次生代谢途径，而谷氨酰胺合成酶（GS）是参与植物氮代谢的关键酶，可以催化谷氨酸合成谷氨酰胺（Gln），有些 Gln 是植物产生氨基酸的底物（Fontaine 等，2012）。玉米编码 GST30、GST7、GST26、GST15、GLUL 及 glnA 的基因在温度升高条件下呈明显下调表达的趋势，这些基因的下调表达可能会抑制氮的代谢和氨基酸的合成。虽然温度升高并未对玉米植株地上部分的氮含量产生影响，但氮含量处于缺氮的临界水平（Fontaine 等，2012；Huang 等，2019），温度升高对氮代谢产生的抑制影响可能会降低玉米生殖阶段的氮积累。研究表明，气候变暖降低了玉米叶片的氮浓度，这可能与光适应有关（Ursulam 等，2015）。因此，温度升高条件下氮代谢的变化可能是导致参与光合作用相关途径差异表达基因减少的另一个原因。

近几年，温度和大气 CO_2 浓度升高的交互作用对植物生物学的影响日益引起人们的关注（Duan 等，2014；Miao 等，2015）。然而，我们发现，在温度和大气 CO_2 浓度同时升高的作用下的差异表达基因数量远小于温度或大气 CO_2 浓度单独升高的作用。温度和 CO_2 浓度同时升高主要抑制谷胱甘肽 s 转移酶、淀粉合成酶和丙酮酸激酶等基因的表达。这些基因表达的数量少，这可能是由于温度和大气 CO_2 浓度升高对植物生理特性产生了平衡作用（Ursula 等，2013；Bishop 等，2014），从而植物生物量没有发生显著变化，Ruiz - Vera 等（2013）也报道了温度和大气 CO_2 浓度升高对大豆植株生物量没有显著影响。然而，环境因子对玉米生长所产生影响的原因值得进一步研究，这对预测未来气候变化如何影响植物功能具有重要意义。

五、结论与建议

本章基于 FACE 平台 4 年田间试验研究大气 CO_2 浓度升高对 C_4 作物玉米产量、光合参数及碳氮代谢物浓度的影响；并基于 OTC 装置研究了大气 CO_2 浓度升高对玉米转录组的影响，得到如下主要结论：

玉米作为 C_4 作物，大气 CO_2 浓度升高在光合参数方面有一定体现，且玉米花后功能叶结构性氮的供应体现有所不足，但在灌溉充足条件下大气 CO_2 浓度升高对玉米产量的作用并未有明显体现。具体结果为：①产量：玉米作为 C_4 作物，在灌溉条件完备情况下其产量对大气 CO_2 浓度升高的反应不明显，田间试验结果显示，大气 CO_2 浓度升高的处理，籽粒受虫害影响较为严重；②光合参数：大气 CO_2 浓度升高对光合作用主要参数的影响为大气 CO_2 浓度升高，夏玉米叶片气孔导度显著降低（不同年份及生育期降低 6.8%～50.0%）、胞间 CO_2 浓度显著升高（不同年份及生育期升高 12.1%～72.3%）、蒸腾速率降低（不同年份及生育期降低 1.3%～54.9%）、水分利用效率提高（不同年份和生育期提高 6.2%~46.1%）；③碳氮代谢：大气 CO_2 浓度升高能在一定程度上提高玉米功能叶可溶性糖和淀粉浓度，而在花后生殖生长期结构性氮组份、特别是类囊体氮和细胞壁氮的浓度供应不足，但不影响可溶性氮的供应；单一 CO_2 浓度升高会促进夏玉米功能叶总碳质量分数的增加，而总氮质量分数降低，碳氮比增加；大气 CO_2 浓度升高和氮肥交互作用在改进作物氮供应、形态构成和光合反应方面有一定潜在促进作用，表现为某些时期（如抽雄期）关键组分质量分数的增加。

OTC 系统玉米试验的转录组分析结果表明：①大气 CO_2 浓度升高显著抑制了参与光合作用和碳水化合物合成代谢通路的基因表达，如糖酵解过程、乙醛酸循环过程、二羧酸代谢、果糖和甘露糖代谢等过程受到抑制，这可能是由于叶片中积累大量的碳水化合物使其糖的代谢通路产生了抑制作用，与试验中大气 CO_2 浓度升高下的叶片中积累大量的碳水化合物从而降低了植物的光合能力有关，并且是在大气 CO_2 浓度升高条件下玉米产量反映不明显的原因之一；②温度升高也抑制了与光合作用和糖代谢相关基因的表达，而且还会影响氮代谢等次生代谢途径基因的表达；③温度升高和大气 CO_2 浓度升高对玉米的一些生理生化功能，如谷胱甘肽代谢、淀粉合成等起着负调节作用。因此，未来在生产中应合理进行管理调节，积极应对未来气候变化以保证粮食安全。

第五章 历史气候及适应性措施
对玉米生产的影响

　　农业生产系统作为一种高效利用自然资源（如光温水等资源）的人为生态系统，作物产量除了受气候要素的影响，合理的种植管理活动能在一定程度上充分利用气候资源，规避一些气候环境等自然资源的不足，使作物生产在最大程度上做到趋利避害并获得高产优质的农产品。由于工业化的发展，主要因大气中温室气体浓度升高造成的全球气候变化已被科学和事实所证实，气候变化使玉米生产的气候资源及极端气候也发生了变化（Ray 等，2012；Lesk 等，2016），种植管理实践中需不断根据气候要素的变化进行动态调整，以应对粮食安全面临的挑战。

　　玉米生产受气候要素、品种和管理措施的交互影响，需要科学甄别气候要素和管理措施对玉米生产的相对贡献（Tao 等，2014；Tao 等，2016），以评估不同要素对玉米产量的作用和提出针对性措施并进一步指导未来气候变化情景下的农业生产适应性策略。目前的研究多利用统计模型或者机理模型评估单因子变化对玉米生长和产量的影响（Lobell 等，2011a，2011b；Liu 等，2013），而定量评估多元气候因子以及品种和管理措施综合影响的研究相对较少，对气候变化对玉米生产影响的认识仍然不够全面。

　　大量研究表明，培育不同类型的品种，利用不同品种不同的环境适应能力应对气候变化是最为有效的措施之一（Bailey - Serres 等，2019；Ramirez - Ville-gas，2018），作物育种专家一直在致力于培育新的玉米品种以适应不同的环境条件，但是气候变化对玉米品种的影响还未得到系统评估。为此，本章基于长期历史气象观测记录及田间历史实测数据，采用 DSSAT 作物模型，开展多情景（气候及管理情景）驱动的作物模型模拟，剥离气候要素和管理措施对玉米产量的相对贡献，识别影响玉米生产的关键气候因子，为合理评估气候、环境、管理等不同因子对玉米生长的影响、为下一步采取相应的适应性措施提供思路。

一、甄别不同因素贡献的研究方法

（一）研究区及代表性站点

本章选取的我国玉米生产研究区包括我国北方春玉米区（东三省和内蒙

古)、黄淮海夏玉米区和西南山地玉米区三大玉米生产区,各生态区域概况
如下:

北方春播玉米区(区域Ⅰ):属寒温带湿润、半湿润气候带,冬季低温干
燥,无霜期130～170天,年平均温度8.6℃,年降水量400～800毫米,其中
60%集中在7—9月份。地势平坦,土层深厚,土质肥沃,光热资源较丰富。
一年一熟制,种植面积约893万公顷,占全国玉米面积的39.2%,总产量占
全国的43.8%。本章在该区内选取了11个站点进行评估,包括沈阳、赤峰、
丹东、公主岭、呼兰、佳木斯、铁岭、通化、通辽、榆林和准格尔旗,并以沈
阳站点为例进行重点分析。

黄淮海夏播玉米区(区域Ⅱ):属暖温带半湿润气候类型,无霜期170～
220天,年平均温度8～15℃,年降水量差异较大,从西北400毫米到东南
2 000毫米不等。地势平坦,土层深厚,光、热、水资源丰富,灌溉玉米面积
占50%以上。一年两熟制,玉米种植方式多种多样,间套复种并存,其中小
麦、玉米两茬套种占60%以上。播种面积约747万公顷,占全国玉米面积
32.7%,总产量占全国35.5%。本章在该区内选取了11个站点进行评估,包
括洛阳、宝坻、方城、凤翔、鹤壁、浚县、栾城、顺义、通州、邢台和遵化,
并以洛阳站点为例进行重点分析。

西南山地玉米区(区域Ⅲ):属温带和亚热带湿润、半湿润气候带,雨量
丰沛,水热资源丰富,但光照条件较差,无霜期一般在240～330天,年平均
温度24℃,全年降水量800～1 200毫米,多集中在4—10月。地形复杂,气
候多变,土壤贫瘠,耕作粗放。一年一熟制,播种面积451.9万公顷,占全国
18.4%,总产量占13.4%。本章在该区内选取了7个站点进行评估,包括贵
阳、简阳、芒市、蒙自、南充、曲靖和武隆,并以南充站点为例进行重点
分析。

(二) 数据来源

1. 品种试验数据

品种试验数据来自生态联网试验和金色农华公司的玉米自交系鉴定数
据、杂交种测试数据,包括玉米品种以及种植、开花和成熟日期;种植密
度、行距、种植方式、灌溉日期和灌溉量、施肥日期和施肥量等管理数据。
本书在每个主产区选择了涵盖3个熟期种植了三年以上的6个代表性品种,
总共对当前常用的18个玉米品种进行了校准,校准年份和验证年份如表5－1
所示。

表 5 - 1　用于 CERES - Maize 模型参数校验的数据

区域	熟性	代码	品种	年份	
				校准	验证
I	早熟	E1	JD 27	2013，2014	2015，2016，2017
		E2	XX 1	2014	2015，2016
	中熟	M1	XY 987	2015	2016，2017
		M2	XY 335	2009，2010，2011	2012，2013，2014，2015，2016
	晚熟	L1	JK 968	2014	2015，2016
		L2	ZD 958	2009，2010，2011，2012	2013，2014，2015，2016
II	早熟	E1	DK 516	2014	2015，2016
		E2	NH 101	2013	2014，2015
	中熟	M1	XY 987	2014	2015，2016
		M2	XY 335	2013	2014，2015
	晚熟	L1	JK 968	2014	2015，2016
		L2	ZD 958	2009，2010	2011，2012
III	早熟	E1	CD 30	2011，2012	2013，2014，2015
		E2	ZD 958	2013	2014，2015
	中熟	M1	YD 30	2012	2013，2014
		M2	YR 8	2011，2012	2013，2014
	晚熟	L1	JD 13	2011，2012	2013，2014
		L2	GD 8	2011，2013	2014，2015

2. 土壤和历史气象数据

土壤数据包括土壤类型、颜色、排水、坡度、径流系数和肥力；各层土壤的有机碳、全氮、pH、容重、田间持水量以及粉粒、砂粒和黏粒的含量来自全球高分辨率土壤属性数据库（Global High - Resolution Soil Profile Database，http：//dx. doi. org/10. 7910/DVN/1PEEY0）。1980—2017 年日均温、最高温、最低温、降水量、日照时数从国家气象科学数据中心（http：//data. cma. cn/）获得。CERES - Maize 模型需要的辐射数据通过 Angstrom - Prescott 公式（Angstrom，1924；Prescott，1940）计算得到。

（三）模拟相关方法

作物模型的校准分两步进行：①根据熊伟（2004）的研究为每个生态区 3 个熟期的品种设置初始参数，利用广义似然不确定性估计（GLUE，Generalized Likelihood Uncertainty Estimation）进行 6 000 次采样，为每个品种寻找最接近的参数空间；用梯度寻优算法进行分步较准，首先校准物候参数（$P1$，$P2$，$P5$ 和 $PHINT$），然后校准生长参数（$G2$ 和 $G3$），最后用 $RMSE$（Root Mean Square Error）和 $rRMSE$（relative Root Mean Square Error）对模型精度进行评价。

$$RMSE = \sqrt{\frac{1}{n}\sum_{i=1}^{n}(S_i - O_i)^2}$$

$$rRMSE = \frac{\sqrt{\frac{1}{n}\sum_{i=1}^{n}(S_i - O_i)^2}}{O_{avg}} \times 100\%$$

式中，S_i 和 O_i 分别为模拟值和观测值，O_{avg} 为观测值的平均值，n 为样本量。

②分离气候要素和管理措施对玉米生产系统的相对影响。利用精细校准的 CERES - Maize 模型开展多情景模拟（情景Ⅰ，表 5 - 2），剥离各个地区气候、品种、种植日期和种植密度对年际产量波动的贡献；进一步地，在每个区域选择一个代表性站点，分别用作物模型和统计模型评估单个气象要素对玉米产量的贡献，结合两种模型的结果探明影响玉米生产的关键气候因子，最后基于模拟情景Ⅱ（表 5 - 3）优化每个站点的管理措施。

表 5 - 2　剥离气候要素、品种、种植日期和种植密度对玉米产量影响的模拟情景

情景Ⅰ	播期	种植密度	品种	研究目的
Ⅰ - 1	平均播期	观测种植密度	最新品种	种植密度的影响
Ⅰ - 2	观测播期	平均种植密度	最新品种	播期的影响
Ⅰ - 3	平均播期	平均种植密度	观测品种	品种的影响
Ⅰ - 4	平均播期	平均种植密度	最新品种	气候要素的影响

表 5 - 3　优化管理措施的模拟情景

情景Ⅱ	播期	种植密度	品种	研究目的
Ⅱ - 1	6 个固定播期	观测种植密度	观测品种	确定最佳播期
Ⅱ - 2	观测播期	6 个固定种植密度	观测品种	确定最佳种植密度
Ⅱ - 3	观测播期	观测种植密度	3 个固定品种	确定最优品种
Ⅱ - 4	最佳播期	最佳种植密度	最优品种	模拟潜在产量

二、历史气候及适应性措施对玉米生产的贡献

（一）CERES-Maize 模型校准结果

CERES-Maize 模型一经校准即可很好地再现玉米在多种环境条件下的生长发育情况，物候的平均误差小于 5 天，rRMSE 小于 6%（表 5-4）。晚熟品种的误差稍高于早熟和中熟品种。模拟产量与观测值较为吻合，偏差<9%。RMSE 在 157～762 千克/公顷，远远低于观测产量（7 060～14 150 千克/公顷）。总体来看，开花和成熟日期稍被低估而产量略有高估，这主要是由于模型校准为考虑病虫害和杂草等的影响。

表 5-4　三个区域 18 个品种的验证精度

区域	熟性	代码	品种	开花日期		成熟日期		产量	
				RMSE（天）	rRMSE（%）	RMSE（天）	rRMSE（%）	RMSE（千克/公顷）	rRMSE（%）
I	早熟	E1	JD27	0.5	1.2	1.7	1.4	481.6	6.1
		E2	XX1	5.0	5.9	1.0	0.8	824.0	8.9
	中熟	M1	XY987	1.5	2.0	4.0	3.1	476.5	4.7
		M2	XY335	2.0	2.4	4.2	2.9	690.0	5.1
	晚熟	L1	JK968	1.5	1.7	5.0	3.3	1 146.1	8.2
		L2	ZD958	3.8	4.5	4.0	2.8	747.6	6.6
II	早熟	E1	DK516	0.5	0.8	2.0	1.6	252.1	2.3
		E2	NH101	3.0	4.8	5.2	4.7	1 003.5	8.6
	中熟	M1	XY987	4.0	5.3	4.5	3.1	646.5	5.2
		M2	XY335	2.0	1.6	1.5	2.3	588.5	6.4
	晚熟	L1	JK968	1.0	1.5	4.5	3.3	269.5	2.9
		L2	ZD958	2.5	3.9	5.0	4.4	758.5	6.8
III	早熟	E1	CD30	5.0	5.6	1.3	0.9	518.6	5.2
		E2	ZD958	2.5	4.1	2.0	1.5	294.1	2.3
	中熟	M1	YD30	3.0	4.3	2.5	2.1	321.0	2.7
		M2	YR8	1.5	1.7	3.0	2.4	507.5	6.9
	晚熟	L1	JD13	1.5	2.4	4.4	3.8	776.5	8.5
		L2	GD8	7.5	8.0	5.0	3.6	194.0	2.5

（二）气候要素和管理措施对玉米生产的相对贡献

1. 气候要素和管理措施对玉米生产的相对贡献

不同站点气候和管理措施对玉米产量的影响各不相同（图 5-1）。从三个

代表性站点来看（图 5 - 2），在沈阳站播种日期、种植密度和品种对玉米产量的影响分别为－15％～11％、－14％～16％和－14％～13％。气候因素影响的范围为－5％～12％。在洛阳站和南充站，品种更新的影响分别为－22％～26％和－27％～19％，播种日期的影响分别为－15％～16％和－20％～21％，种植密度的影响分别为－17％～13％和－22％～24％。洛阳站气候变化对产量的影响范围为－17％～19％，南充站为－11％～20％。结果表明，气候变化造成了较大的产量不稳定。不同区域不同站点影响玉米生产的因素有所差异，但总体来看品种是最为关键的因素，接着是气候要素，种植日期和种植密度的影响相对较小。从区域上来看，品种、管理和气候对黄淮海夏玉米的影响更大，同时影响的时空差异也更为明显（图 5 - 1）。

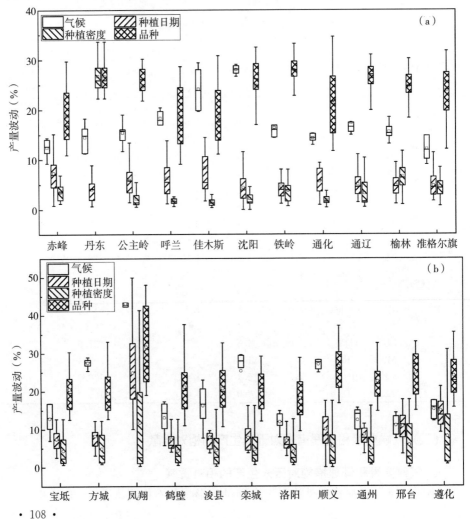

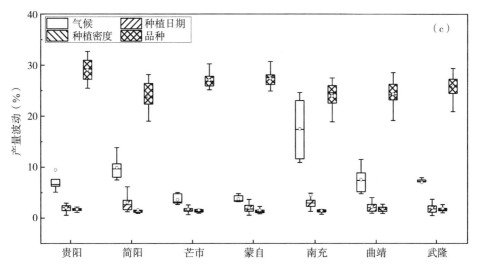

图 5-1　三大产区品种、种植日期、种植密度和气候对玉米产量的相对影响
（a：北方春玉米区；b：黄淮海夏玉米区；c：西南山地玉米区）

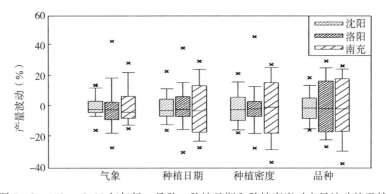

图 5-2　1980—2016 年气候、品种、种植日期和种植密度对产量波动的贡献

2. 影响玉米生产的关键气候要素分析

三个代表性站点的关键气候因子的变化如图 5-3 所示。从 1980 年到 2016
年，除沈阳站外，所有台站都出现了明显的变暖趋势。沈阳站最高温度呈小幅
上升，而最低温度呈下降趋势（$P < 0.01$），导致平均温度不显著上升。洛阳
站和南充站最低温度显著增加（$P < 0.01$），导致平均温度显著升高。玉米生
长季平均温度上升幅度沈阳站为 0.14℃/年（图 5-3a），洛阳站为 0.26℃/年
（图 5-3e），南充站为 1.52℃/年（图 5-3i）。三个站点降水量（图 5-3c，
g 和 k）和辐射（图 5-3d，h 和 l）轻微下降，但在 95% 的水平上不显著。

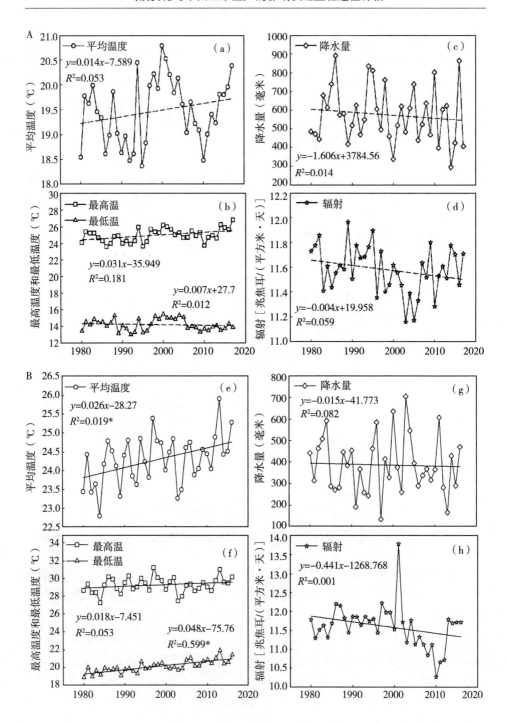

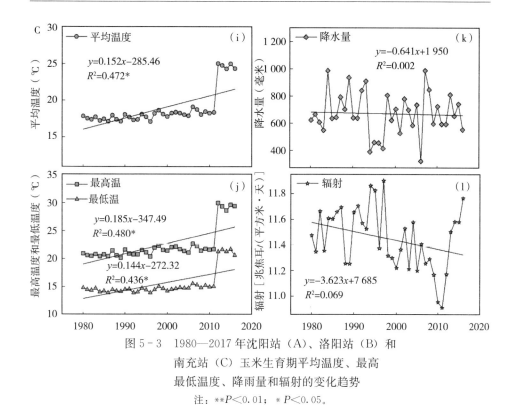

图 5-3　1980—2017 年沈阳站（A）、洛阳站（B）和
南充站（C）玉米生育期平均温度、最高
最低温度、降雨量和辐射的变化趋势

注：$**P<0.01$；$*P<0.05$。

3. 关键气候要素与玉米产量的关系

在研究时段内，整个生长季节的温度与产量显著相关（$P<0.05$），但与辐射或总降水量之间无明显相关关系。从开花到成熟，沈阳站玉米产量与平均温（$P<0.01$）和最高温（$P<0.05$）呈显著负相关。洛阳站的产量与关键生育期的最高温、最低温和温差呈负相关（$P<0.05$）。南充站的产量与全生育期的最高和最低温呈显著负相关（$P<0.01$），说明温度可能是决定玉米最终产量的关键气候要素（表 5-5）。

为了进一步认识气候变化对玉米生产系统的影响，本章分别用作物模型和统计模型评估了单个气候要素的贡献（图 5-4）。DSSAT 的评估结果显示，洛阳站温度增加导致产量下降了 0.27%/公亩*，南充站温度上升使产量增加了 1.35%/公亩，沈阳站玉米生育期内温度降低对产量也产生了积极的影响（0.60%/公亩）。降水量的减少使洛阳站和南充站玉米产量分别增加了 0.14%/公亩和 0.11%/公亩，而使沈阳站玉米产量下降了 0.04%/公亩。沈阳

---

* 公亩为非法定计量单位，1 公亩=100 平方米。

站辐射增加使产量减少了 0.23%/公亩，南充站辐射增加使产量增加了 0.38%/公亩，洛阳站辐射减少使产量增加了 0.07%/公亩（图 5-4a）。

表 5-5　全生育期和关键生育期玉米产量和气候因子的相关性

站点	气象因子	全生育期	生殖生长期
沈阳	太阳辐射	0.305	0.041
	平均温度	−0.491*	−0.679**
	最高温	−0.318	−0.499*
	最低温	−0.446	−0.460
	昼夜温差	0.151	0.068
	总降水量	0.175	0.146
洛阳	太阳辐射	−0.194	−0.402
	平均温度	ns	ns
	最高温	−0.454*	−0.477*
	最低温	−0.197	−0.456*
	昼夜温差	−0.337	−0.447*
	总降水量	−0.001	−0.039
南充	太阳辐射	0.201	0.162
	平均温度	ns	ns
	最高温	0.513*	0.023
	最低温	0.426**	−0.214
	昼夜温差	ns	ns
	总降水量	−0.101	−0.003

注：* $P < 0.05$；** $P < 0.01$。

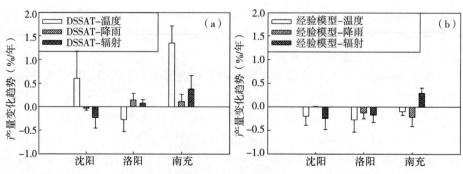

图 5-4　作物模型（a）和统计分析（b）剥离的单个气象要素对玉米产量的影响

统计分析显示，温度上升使洛阳站和南充站玉米产量分别减少了 0.27%/

公亩和 0.09%/公亩，沈阳站温度降低导致玉米产量下降了 0.20%/公亩（图 5-4b）。降雨的影响与作物模型的评估结果完全相反，减少的降雨对沈阳站、洛阳站和南充站玉米产量的影响分别为 0.006%/公亩、-0.13%/公亩和-0.21%/公亩。沈阳站和南充站的辐射增加分别使产量减少了 0.24%/公亩和增加了 0.29%/公亩，洛阳站辐射减少导致产量下降了 0.17%/公亩。

尽管两种方法得到降雨的贡献差异较大，但是其他因素的定性结果较为相似。作物模型评估的温度和辐射的影响相对于统计分析总是增加的更多或减少的更少，即统计模型对温度的响应更悲观。总体来看，相对于降雨和辐射，温度对玉米生产的影响更大。

(三) 玉米生产最佳适应策略分析

为了实现增产稳产，本书的研究中优化了三个代表性站点的管理措施。结果显示，沈阳站、洛阳站和南充站种植先玉 335、郑单 958 和云瑞 8 号，平均产量可提高 6.9%、4.7% 和 13.2%。沈阳站最佳种植日期为 5 月 19 日，洛阳站为 7 月 5 日，南充站为 5 月 10 日，产量可分别提高 7.9%、8.5% 和13.2%。三个站点最佳种植密度分别为 11.4 株/平方米、12.3 株/平方米和9.7 株/平方米；最佳密植下玉米产量分别可以提高 9.4%、5.3% 和 7.6%。同时优化三个低成本措施，沈阳站、洛阳站和南充站玉米产量可分别增加11.6%、13.3% 和 15.7%。

三、结论与建议

不同区域不同站点影响玉米生产的因素有所差异，但总体来看品种是最主要的因素，其次是气候要素，种植日期和种植密度的影响相对较小；相对于降雨和辐射，温度是影响玉米生产最为关键气候因子。最佳管理下沈阳站、洛阳站和南充站玉米产量可分别增加 11.6%、13.3% 和 15.7%。结果显示，通过优化管理措施可以显著提高玉米产量，与其他地区相比，西南玉米区通过更新品种和调整播种日期可更有效地提高产量。

要"藏粮于地"并持续提高玉米生产潜力，还需要多措并举，综合运用气候特点和品种优势，结合耕作方式及水肥管理等综合优化方法，进一步提高土地的生产潜力。

第六章　未来气候变化对玉米生产的影响及适应性措施作用评估：基于 MCWLA 模型

全球气候变暖已经是不争的事实，IPCC 第五次评估报告指出，全球平均地表温度在 1880—2012 年升高了 0.85℃，而在 1951—2012 年全球平均地表温度的升温速率则几乎是 1880 年以来升温速率的两倍（IPCC，2013）。温室气体的持续排放被认为是全球变暖的重要原因之一，并将在未来一段时期内进一步提升全球温度，气候变化带来了显著的水热条件变化，且随着温室气体的排放进一步升高，未来气候变化和水热条件变化仍将持续（Gourdji 等，2013；Liu 和 Allan，2013；Zhao 等，2017）。近 50 年，我国增暖趋势显著高于全球平均值，增温速率达到 0.22℃/10 年，主要发生在 20 世纪 80 年代中期后（丁一汇等，2007）。全球变化背景下，我国的降水量及降水格局也发生了改变，且变化情况存在明显的空间异质性（Zhao 等，2018），降水量增加最明显的是西部盆地，而华北/西北以及东北南部降水均有所减少；黄淮海流域平均年降水减少最多，但江淮地区降水呈显著增加趋势。另外，气温的升高也会造成气候变率的改变及某些极端气候事件频率和强度的改变（Che 等，2007；丁一汇等，2007；Rötter 等，2015）。就我国而言，气候变暖以北方最为明显，降水量也呈增加趋势，未来极端气候事件发生频率可能呈增大的趋势（秦大河等，2021）。

农业作为对气候条件最为敏感的生产部门，农作物生产对气候变化的响应以及如何适应气候变化的影响也一直是人们关注的重点，研究人员已经开展了广泛的研究以阐述气候因子对作物生长的影响（Asseng 等，2015；Chen 等，2016；Lobell 等，2011；Ottman 等，2012；Porter 等，2014）。这些研究指出气候变暖会缩短作物的生长周期并导致产量降低（Porter 等，2014）。同时，极端事件也是影响作物产量的重要因素，且极端事件风险在未来仍会上升（Asseng 等，2015；Gourdji 等，2013；Wahid 等，2007）。当然，除了负面影响，变暖的生长环境也会对作物生长带来一些积极的影响，例如对于一些热量不足的地区，气候变暖将促进这些地区的作物生长，并扩展作物种植适宜区（Tao 等，2008；Tao 等，2012；Tao 等，2014；Zhang 等，2014）。此外，大气二氧化碳浓度的上升也会对气孔导度产生抑制作用，减少蒸腾，增强光合作用，促进产量上升（Brown 和 Rosenberg，1997；Ainsworth 等，2008；Burkart 等，2011；Deryng 等，2016；Pugh 等，2016）。气候变化带来的多种影响促使人们思考应该采取何种行之有效的策略以实现对气候变化的适应、缓解气候变化带来的影响，做到趋利避害。随着全球气候变化研究的开展，气候变化影响评估研究是当前学术界最为活跃的研究领域之一（Asseng 等，2015；Barnett 等，2005；秦大河，2014）。而研究气候变化对农业生产的影响也成为当前中国农业工作者迫切需要解决的问题之一。

玉米是我国重要的主粮作物之一，在我国种植广泛，尤其在东北、华北、西北地区种植面积广阔。玉米起源于热带地区，是喜温短日照作物，对气候条件适应能力强，在气候变化背景下，由于热量资源的显著增加，玉米可种植范围还将不断扩大（Olesen 和 Bindi，2002），我国玉米的种植北界就呈现北移东扩的趋势（刘志娟等，2012）。由于玉米是 C_4 作物，对大气 CO_2 浓度升高增产的敏感度较低，因此，气候变暖情景下升温导致的玉米产量损失可能会大于 CO_2 对产量的补偿。1980—2008 年，全球因气候变化造成的玉米净减产为 3.8%（Lobell 等，2011），加大了粮食安全的不确定性，而管理水平的提升能够在一定程度上抵消气候变化的不利影响（Olesen 等，2011）。因此，在研究气候变化对玉米生产的影响时，应该关注两个问题，一是气候变化的潜在影响，二是管理措施是否可以有效地促进玉米生产适应气候变化特征。因此，本章利用 MCWLA 模型从未来气候变化对玉米产量的影响以及适应性措施的效果分析两个方面评估未来玉米生产面临的潜在风险及应对方案。

一、MCWLA 模型评估研究方法

（一）玉米主产区区域划分

本章的影响评价主要针对我国玉米主产区（具体分布见附图 1-1），包括 5 大玉米种植区，分别是 Ⅰ东北春玉米种植区（即东三省）、Ⅱ北方春玉米种植区（附图 1-1 中不包括东三省的北方春玉米区中的其他区）、Ⅲ黄淮海夏玉米种植区、Ⅳ西北玉米种植区、Ⅴ西南玉米种植区。

（二）影响评估所用数据

使用的玉米生长数据来自 129 个农业试验站 2009—2017 年的 650 组玉米种植记录数据（为中国农业科学院作物科学研究所玉米栽培与生理团队的多年生态联网试验数据）。包括物候、产量等关键要素。全国格点尺度的历史气象数据来自袁文平等人制作的 0.5 度气象要素格点数据集（Yuan 等，2015）。未来气象数据采用本书第三章中使用区域气候模式 PRECIS 得出并经订正的 0.5°网格点 RCP4.5 以及 8.5 情景下 2021—2040 年（简称 2030s）和 2041—2060 年（简称 2050s）的日值数据。

（三）研究方法

1. 作物模型

本章影响评估采用 MCWLA‐Maize 模型，该模型的设计目标是用于研究大范围区域内气候变化、气候变率对农作物生长过程及生产力的影响。该模型已经成功应用在了国内外多个作物生长模拟研究中，表现稳健良好（Asseng 等，2013；Asseng 等，2015；Tao 等，2015；Wang 等，2016）。MCWLA‐Maize 模型基于日步长、格点尺度构建。模拟使用的气象数据包括日最高气温、最低气温、太阳辐射、相对湿度、日总降水、风速。同时还包括土壤属性数据（如土壤渗透率、田间持水量、萎蔫点含水量、热扩散系数等）和作物栽培管理数据等。模拟所用土壤基础数据源自联合国粮农组织全球数字土壤地图数据库（https：//www.fao.org/soils‐portal/data‐hub/soil‐maps‐and‐databases/harmonized‐world‐soil‐database‐v12/en/）。该模型在设计中考虑了区域尺度下的多格点模拟需求，各网格点之间的模拟互不影响。

2. 作物模型参数率定

参数率定是作物模型用于影响评估的基础。在本研究中，基于玉米生长记录数据，对 MCWLA‐Maize 模型进行参数率定：针对 5 大种植区以及 40 个子种植区进行参数率定，实际模拟单元（气候数据、土壤数据、种植管理数据）为 0.5°网格点水平。针对每个率定区域，将区域内的所有站点数据综合在一起作为观测记录，并以该记录作为模型参数率定的对象。考虑到区域内往往存在多种作物，单一参数难以有效代表作物特征，可能会对模拟结果带来较大的不确定性。因此，针对每个种植区，率定选择了表现最优的 10 套参数，用于表征模型的不确定性以及区域内玉米品种差异导致的参数变动。在模拟时这些参数将用于驱动集合模拟，集合模拟结果的均值被用作最终的模拟结果。按照站点分布，33 个子分区存在站点记录，进行子分区参数率定。根据分区内的数据量，1∶1 随机分配数据用于校准和验证模型参数。另外，针对 5 大种植区，也同样进行了参数率定，种植区参数对应应用于 7 个不存在站点记录的子分区。

3. 未来气候变化下的适应性措施模拟设置

基于 MCWLA‐Maize 的区域尺度的参数率定结果，模拟历史时段

（1986—2005 年）及未来（2021—2040 年，2041—2060 年）共三个时间段以及 RCP4.5 和 RCP8.5 两种 CO_2 排放情景下的玉米产量。对模拟得到的格点尺度产量进行对比，阐明未来产量和当前相比的增减幅度及地区分布，分析未来气候变化对玉米产量的潜在影响。

在模拟的基础上，本研究进一步设计了多种适应措施情景，评估不同气候情景下气候变化对玉米生产影响的变化。适应性措施包括调整播期、调整玉米熟型、充分灌溉三大类措施：

①调整播期：调整现有玉米品种在未来的播期，设播期提前 5 天及推后 5 天两种情景。

②调整玉米熟型：通过调整适合未来热量资源的玉米品种（虚拟品种，指未来可能的适宜品种），充分利用热量资源。主要设置了以下两类情景，一是设置适宜熟型，将玉米的生育期限制在未来气候适宜生长时段内；二是设计未来的玉米品种，其在生殖生长期的积温需求提升 10%。

③充分灌溉：干旱是玉米生长期内面临的主要气候风险之一。在未来升温情景下，高温、干旱风险增大，本措施设计在未来玉米生育期具备充分灌溉条件以排除干旱胁迫的影响。

二、未来气候变化对中国玉米主产区产量的影响

本章通过 MCWLA 模型模拟了未来气候条件下的玉米生长期，并和当前气候条件下玉米生长期长度进行对比。模拟结果表明，气候变化导致的未来升温会显著缩短现有玉米品种在田间的生长期。在 2030s，全国的玉米生长期将普遍缩短 7～21 天；而在 2050s，现有品种的田间生长期在大部分地区会缩短21 天甚至 35 天以上，尤以北方地区最为明显。在 2030s，两种排放情景下生长期缩短程度相似，而在 2050s，RCP8.5 情景的影响明显大于 RCP4.5 情景。此外，气候变暖给北方地区提供了更多的热量资源，一些原本无法进行玉米种植或玉米难以成熟的地区将在未来转变为适宜玉米种植的地区。种植边界将会北移，玉米种植将可能扩展。在 2030s，玉米的潜在适宜种植区，相比现有种植区可以扩大 10% 左右，而在 2050s，这一比例将进一步扩大至 20%。

生长期缩短将会不可避免地对玉米产量产生负面影响，而其他一些因素，例如水热资源分配变化、高温等，也会对玉米的产量带来影响。图 6 - 1 显示了未来气候变化情景下五大玉米主产区区域尺度玉米产量相对于当前（1986—2005 年）的变化，展示的区域尺度产量是区域内各网格（0.5°网格）产量变化箱图，其中箱内横线为中位数、箱的上下框线分别为上下四分位值、箱上下

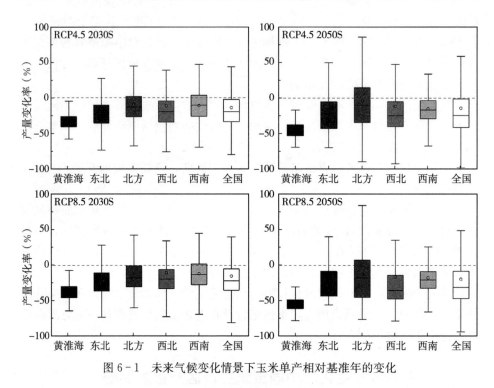

图 6-1 未来气候变化情景下玉米单产相对基准年的变化

的短线表示 1.5 倍四分位值、箱外散点为 1.5 倍四分位值之外的异常值（本章从图中略去了）。综合来看，未来气候变化情景下，气温升高会对北方地区带来更适宜的玉米生长环境，东北春玉米区以及北方春玉米区均有部分地区从不适宜玉米种植变为适宜玉米种植（全国分布图略）；还有一些小面积零散分布的地区如西北和西南部分地区未来产量也呈一定增加趋势，但对区域整体水平的产量提升力度还不足。主产区大部分地区的玉米产量将会面临大幅度下降，其中黄淮海地区、黄土高原地区以及东北的辽宁省以及吉林省一带都将成为减产热点地区。黄淮海地区和东北地区作为我国玉米主产区，减产预期尤为显著，预计减产幅度中值可达 30%～50%。东北、西北春玉米区面临的减产压力其次。全国尺度上，从 2030s 到 2050s，以及从 RCP4.5 到 RCP8.5 情景，减产压力逐步增大，减产面积比例从 RCP4.5、2030s 情景下的 75% 扩大至 RCP8.5、2050s 情景下的 81%。减产幅度同步增大，2030s 玉米产量预期减产幅度中值可达19%～21%，而在 2050s 玉米产量预期减产幅度中值将达到 24%～30%。

综合来看，随着时间推移以及排放情景的变化，我国玉米生产面临越来越大的减产风险，虽然升温对部分地区带来了增产机遇，但是这一机遇显然无法抵消主产区玉米减产的严重风险。因此，急需采取有效的应对措施以缓解玉米减产风险，保障玉米稳产增产。

三、不同适应措施对未来玉米产量的作用

本章采用 MCWLA 模型评估不同适应性措施对未来主产区玉米产量的影响，结果如下：

（一）播期调整对未来玉米产量的影响

播期调整是一种常见的种植管理方法，其主要目的是改变作物生育期内的光温水热条件，适应气候变化，使关键生育期避开高温、干旱时期，并规避潜在的极端事件影响，以实现趋利避害的效果。本章模拟了提前和延后播种 5 天的种植情景，模拟结果表明（图 6-2），提前播种在我国种植区普遍产生积极作用。玉米的减产有小幅缓解，但缓解程度十分有限，相对于无适应措施情景，大部分地区的减产缓解效果在 5% 甚至 3% 以下，黄淮海夏玉米区的缓解效果相对更为明显。在不同情景下，83%～91% 的地区播期提前 5 天对产量的影响小于 5%。在全国尺度上，缓解效果中值在 RCP4.5 情景下，2030s 和

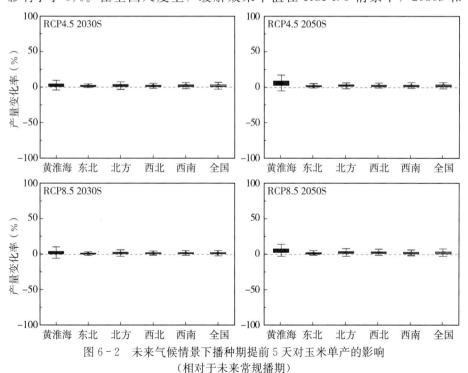

图 6-2　未来气候情景下播种期提前 5 天对玉米单产的影响
（相对于未来常规播期）

2050s 分别为 2.1％和 2.3％；而在 RCP8.5 情景下，2030s 和 2050s 的缓解效果中值为 2.1％和 2.8％。整体来看，缓解效果在 2050s 相比 2030s 更好，在 RCP8.5 情景下的缓解效果优于 RCP4.5。需要注意的是，虽然进一步提前播期可能会更为明显地缓解减产，但播期调整涉及因素复杂，可能影响其他作物的种植，因此我们认为当前品种在未来进行播期调整对玉米减产的缓解作用十分有限。相对于提前播种，延迟播种反而会导致减产风险进一步增大，其影响程度与提前播种相似，大多小于 5％（图 6-3）。黄淮海夏玉米区受到的影响相对更大。在全国尺度上，在 RCP4.5 情景下，2030s 和 2050s 将进一步减产，减产幅度中值为 2.4％和 2.7％；而在 RCP8.5 情景下，2030s 和 2050s 减产幅度将扩大为 2.5％和 3.1％。玉米生产在 2050s 受到的影响大于 2030s，而 RCP8.5 情景下影响大于 RCP4.5 情景。综上所述，在播期调整方面，模拟结果更倾向于通过提前播期缓解减产。播种期调整受到的影响因素较多，不同的播期会使作物面临不同的生长环境，尤其是遭遇不同程度、频次的极端温度、干旱等灾害。另外，生长期缩短是未来玉米产量减少的一个主要影响因素，从目前的模拟结果来看，提前播种可以略微延长玉米的生长周期，使其获得更长的干物质累积时间，有利于产量的增长。但需要注意的是，考虑到模拟结果表

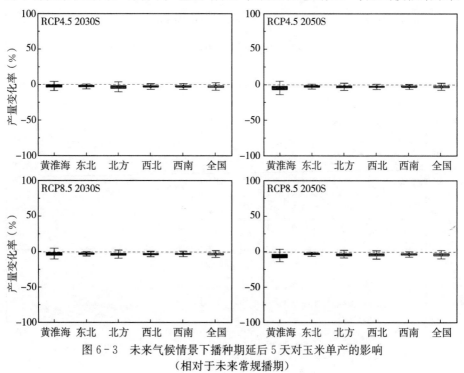

图 6-3　未来气候情景下播种期延后 5 天对玉米单产的影响
（相对于未来常规播期）

现出的影响程度较小，模拟结果可能受到模型本身误差的影响，根据当前模拟结果，未来气候变化情景下，5 天的播期调整可能不会对玉米适应气候变化产生显著影响。

（二）熟型调整对未来玉米产量的影响

对玉米品种的熟型进行调整，其目的在于充分利用未来可能变化的热量资源，在该情景下，玉米的生长周期被整体拉伸或收缩以匹配未来温度资源情景。模拟结果表明（图 6-4），调整适宜熟型对于玉米产量影响明显。对于东北以及黄淮海玉米主产区，采用适宜熟型可以有效缓解气候变化导致的减产。相比于无适应措施情景，采用适宜熟型时在东北玉米种植区的增产效果均值可以达到 8% 左右，而在黄淮海地区，适宜熟型的增产效果均值可以达到 60%，显著缓解了气候变化带来的减产风险。采用适宜熟型的增产效果在 2050s 更加明显，RCP8.5 相比 RCP4.5 更加明显。不过，值得注意的是，调整熟型并没有在其他玉米产区起到明显的增产作用，甚至可能加剧减产，例如西北春玉米区的效果均值为降低 10% 左右，表明采用适宜熟型后玉米减产风险反而加剧。

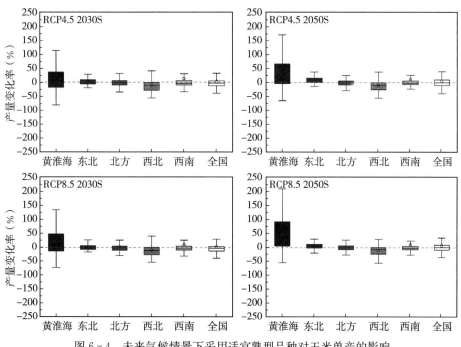

图 6-4　未来气候情景下采用适宜熟型品种对玉米单产的影响
（与未来种植当前品种相比）

这表明简单的熟型调整还没有很好地匹配这些地区的其他气候资源（如降水、极端气候事件等），由于适宜熟型的调整是整体拉伸或收缩玉米生长期，这就导致所有的生育期都发生了变化，虽然匹配了热量这一单一指标，但是对于其他气象指标缺乏考虑，导致生长期遭遇不适宜的水资源供应、光辐射资源以及极端气候等的影响。因此，熟型调整是一种区域性较强的适应措施，本章的模拟结果显示，玉米熟型调整可以应用于东北及黄淮海玉米主产区，而对于其他地区玉米生产则需谨慎，需要进一步评估多气象要素的共同影响。

上述结果评估了玉米熟型调整的情景对未来玉米产量可能产生的影响，考虑到这种调整策略会同时影响玉米生长的所有关键物候期，而一些关键的敏感时期（如开花期等）的变化对于产量的影响具有很大的不确定性，因此我们进一步考虑了一种较为理想化的未来品种育种情景，即，将玉米品种的生殖生长期所需积温提升10%，缓解生殖生长期升温导致的生育期缩短这一负面影响，以提升对花后热量资源的利用能力（如前述第三章所述，未来气候情景下玉米生育期花后热量资源增加更为显著）。模拟结果表明（图6-5），在这种情景下，玉米品种对花后积温的需求增加，因此能够更加充分地利用后期增加的积

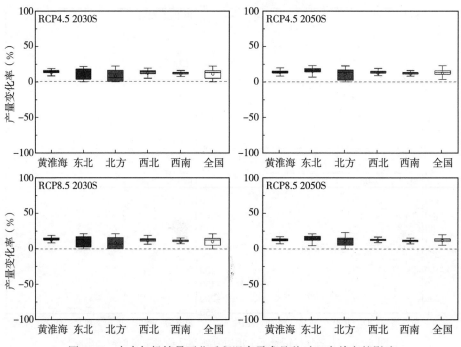

图6-5　未来气候情景下花后积温高需求品种对玉米单产的影响
（与未来种植当前品种相比）

温促进玉米各项生理活动以积累更多干物质。与当前种植品种相比，可以普遍观察到增产且增产幅度最高可达 25％，可以有效缓解气候变化带来的减产风险。该适应措施在 2050s 相比 2030s 更有效，在 RCP8.5 情景下效果优于 RCP4.5 情景。从适应措施的效果的空间差异来看，西北春玉米区、黄淮海夏玉米区以及西南玉米区的响应更为明显，而东北和北方春玉米区仍存在部分效果不明显的区域，这是由于该适应措施延长了生殖生长期长度，可能带来热量不足的问题，这使得该措施的收益在北方和东北部分地区相对有限，尤其是 2030s，这一问题在北方地区更为明显，而在 2050s，热量不足的情况得到进一步缓解，东北春玉米区的适应措施效果十分显著。

从中值和均值来看，各地区的适应措施效果相近，黄淮海夏玉米区以及 2050s 的东北春玉米区效果更为积极，效果均值可以达到 13％～15％，北方春玉米区的措施效果相对差一些，但效果均值也可以达到 8％～10％。整体来看，培育生殖生长期所需积温较高的品种，延长玉米的花后生长时间，提高对增温带来的额外热量的利用率，可以有效缓解未来升温情景下生育期缩短导致的产量降低风险。在未来气候变化条件下，玉米生长季的热量资源愈发充沛，充分利用多余的热量资源服务玉米产量提升，是缓解减产风险的一项重要的技术需求，也是保障未来玉米稳产的必要条件。

（三）充分灌溉对未来玉米产量的影响

干旱是影响玉米生长发育以及产量的关键因素之一，在玉米关键生育期发生的干旱会带来显著的减产风险。我国的玉米种植区普遍面临降水分布不均，降水量不足等问题，同时，灌溉能力仍然不足，对干旱风险的应对能力有限。在未来气候变化情景下，干旱风险会进一步加剧，对于玉米生产带来了更大的挑战。因此，我们模拟了充分灌溉（无水分胁迫）情景下的玉米产量变化，用于评估规避水分胁迫可以带来的潜在收益。

模拟结果表明（图 6-6），规避水分胁迫可以有效缓解产量减少。相比当前种植管理水平（即无适应措施），玉米种植区可以获得普遍的产量提升，全国尺度上产量的增幅均值可以达到 10％左右。充分灌溉的增产效果在 RCP4.5 情景下相比 RCP8.5 情景更为明显，在 2030s 比 2050s 更为明显。具体到各个地区，可以看出，增产效果最为明显的地区是西南玉米区，产量增幅均值可以达到 20％左右，增幅最高可达 50％，其他地区的增产效果相对偏低，增幅均值在 5％～10％，增幅最高可达 25％。

综合来看，规避水分胁迫对玉米减产具有明显的缓解作用。需要注意的是，充分灌溉是一种理想化的管理情景，考虑到我国水资源分布不均的现实，

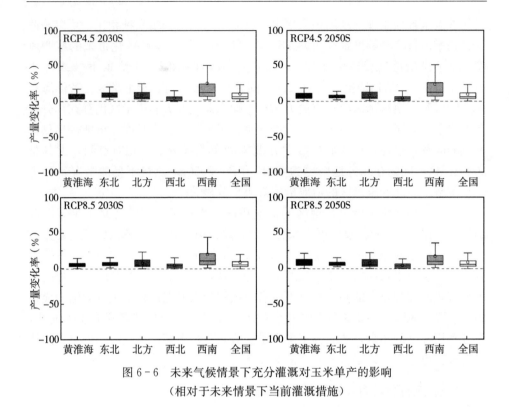

图 6-6　未来气候情景下充分灌溉对玉米单产的影响
（相对于未来情景下当前灌溉措施）

尤其是许多地区缺乏足够的灌溉用水，单纯考虑通过灌溉实现规避胁迫难度较大。在增加农业基础设施建设的同时，进一步培育耐旱稳产的玉米品种十分必要，二者结合可以更为合理有效地促进玉米生产对气候变化的适应。

四、结论与建议

本章采用 MCWLA 模型评估未来气候变化情景对中国玉米主产区单产的影响及适应性栽培措施对玉米减产的缓解作用，得到如下主要结论：

①未来升温情景会显著缩短玉米的生长期，并导致玉米出现普遍的大幅度减产。随着时间推移，减产风险呈现增大趋势。同时，RCP8.5 情景的减产风险大于 RCP4.5 情景。虽然热量资源的增加对部分地区带来了更为适宜的种植环境以及产量上升预期，但并不足以弥补其他产区的产量下降缺口，我国玉米产量整体会面临 20%～30% 的减产，采用适应性措施十分必要。

②适应措施方面，充分灌溉、培育生殖生长期延长的玉米品种均可以有效、普遍地缓解气候变化导致的减产；调整品种熟型在东北以及黄淮海玉米主

产区减产缓解效果更为明显。各类措施的缓解效果可以达到10%~20%。

③整体来看，气候变化对未来主产区玉米生产带来的减产风险十分严峻。应对措施可以在一定程度上缓解气候变化对玉米产量的负面影响，但难以完全避免减产的大趋势。这将需要不同产区采取针对性的适应性措施以综合应对气候变化风险，消除气候变化对玉米生产的负面影响并争取玉米产量不减反增。本章针对几种代表性适应措施的效果进行了评估，在实际应用和进一步的研究中，需要重点关注多种措施联合使用的效果以更好地服务于气候变化风险应对。

第七章　未来气候变化对玉米生产的影响及适应性措施作用评估：基于 APSIM 模型

据 IPCC 第五次评估报告显示，过去的 130 年全球升温 0.85℃，气候变化已经是不争的事实。全球各区域地面平均温度都处于升高的趋势，尤其是北半球中高纬度地区春季和冬季升温最为明显，而且未来还会持续升高。近百年来，全球陆地平均降水总量约增加 2%，但是不同地区不同时段的变化有所差异，降水的年际波动较大，降水强度增大，但干旱频率也在增加。随着全球气候变化，大气环流系统发生变化，极端天气气候事件等方面也发生了显著变化，这直接影响了农业生产，严重危害国家安全。

农业作为一个对自然条件尤其是气候条件依赖程度极高的产业，对气候变化的响应十分敏感。气候因子既是作物生长的物质和能量基础，又是其正常生长发育的限制因子。国内外许多专家学者就气候变化对作物生产的影响进行研究，认为温度升高是造成作物生育期缩短和产量下降的主要气候因子。气候变化已经显著影响了世界各国的农业生产，作物生产能否适应气候变化带来的影响并保证粮食生产安全等问题成为当前迫切需要解决的问题之一，保证未来粮食安全十分重要。

玉米是全球种植范围最广的作物之一，是重要的粮食经济作物。自 16 世纪传入我国以来，逐渐在全国范围内种植，并成为我国重要的粮食作物。而如今随着科学技术的进步，管理水平的提升以及人口的迅猛增长，粮食的需求量逐步扩大，使玉米的种植面积也在迅速扩大。目前，中国是世界第二大玉米生产国，近 5 年玉米总产量稳定在 24 000 万吨以上，占全国粮食总产量的 30% 以上。因此，玉米总产量的稳定与否将关系到全国粮食安全生产体系，研究气候变化对中国玉米的影响就显得尤为重要。

一、APSIM 评估研究方法

（一）研究区域和研究数据

本章研究区域及数据来源同第六章。

（二）APSIM 模型简介

APSIM（Agricultural Production System Simulator）是由隶属于澳大利亚联邦科工组织和昆士兰州政府的农业生产系统研究组（Agricultural Production System Research Unit，简称 APSRU）开发的具有模块化结构的作物生产模拟系统（Probert 等，1995；Asseng 等，2000）。APSIM 模型主要由 3 部分组成：模拟农业系统中生物和物理过程的生物物理模块（biophysical modules）、用户定义模拟过程的管理措施和控制模拟过程的管理模块（management modules）、各种调用模拟数据的输入输出模块及结果输出模块（data input and output modules）。这些模块都是由中心引擎（simulation engine）来驱动和控制的（Keating 等，2003）。

该模型通过设计"插一拔"式结构构建高度独立的作物生长模块、土壤水分模块和土壤氮素模块，方便进行轮作、间作等种植方式和各种管理措施的模拟。近年来，APSIM 模型在世界各地的适应性已得到了验证（Robertson 等，2002；Keating 等，2003），同时已在世界各地农业生产研究中得到广泛应用并发挥了强大的作用（Asseng 等，2004；Peake 等，2008；Bassu 等，2009）。

（三）模型参数率定

APSIM 模型在气候变化对农作物生长发育、潜在产量及农田水分平衡等方面的影响评估具有较好的模拟效果（Asseng 等，1997；Asseng 等，2001；Wu 等，2006；Wang 等，2008a，b，c）。本研究基于研究区域逐日气象资料、分布于全国的 60 多个农业气象站的玉米生产试验资料对 APSIM - Maize 模型中的玉米参数进行调参和验证，验证了该模型在我国的可行性。结果表明 APSIM 模型对于玉米开花期和成熟期两个关键生育期以及生物量累积和产量形成的模拟结果和实测结果具有较好的一致性（Liu 等，2012；刘志娟等，2012；张镇涛等，2018），可以较好地模拟我国不同区域玉米产量。

（四）未来气候变化对玉米生产影响及适应性措施模拟设置

基于验证后的 APSIM - Maize 模型模拟在基准年代（1986—2005 年）和未来情景（RCP4.5 和 RCP8.5）下 2030s（2021—2040 年）和 2050s（2041—2050 年）的玉米未来潜在产量，其中包括无水分胁迫的未来光温潜在产量和在保持当前灌溉条件下的未来玉米产量。模拟所用土壤及未来气候数据同第五章，模拟中设置无适应措施，即在当前品种和种植管理方式下未来玉米产量，

由此可以解析未来气候变化对于玉米产量的直接影响。模拟空间分辨率为
（0.5°×0.5°）。

在解析未来气候变化对玉米产量影响的基础上，本章进一步设计了多种适
应措施情景，评估不同适应措施对未来玉米产量的作用。本章设置的适应措施
包括调整播期和更换品种：

1. 调整播期

通过 APSIM - Maize 模型模拟在未来气候情景（RCP4.5 和 RCP8.5,
2030s 和 2050s）的玉米产量，设置品种不变，但播期改变。即设置提前播期5
天以及延后播期5天两种情景，解析与当前播期相比，调整播期对玉米单产的
影响。

2. 更换品种

其中一类是进行熟型调整：即根据 APSIM - Maize 模型中对于积温的计
算方法，计算当前播期下，玉米潜在生长季内可利用积温，通过等比例变化的
方式，扩大或者缩小 APSIM - Maize 模型中控制花前和花后生育期的两个参
数，从而得到能最大化利用该地区热量的可能晚熟品种，作为未来气候变化背
景下的品种适应方案。另外一类品种，本章主要考虑到当前生产中主推机械粒
收玉米，因此设置了适宜机械粒收的机收品种，即需要留足田间籽粒脱水的
400 ℃·d 的活动积温便于后期脱水利于机械粒收，故在通过最大化利用热量
资源的基础上，需要再留出 400 ℃·d 的活动积温。需要注意的是，这两种情
景下的虚拟品种在不同的研究点和年代之间，由于温度不同，品种参数有
差别。

二、未来气候变化对中国玉米主产区产量的影响

玉米光温潜在产量（无水分胁迫）：从时间尺度来看，在无适应措施条件
下，未来气候变化对玉米产量的影响以减产为主（图 7-1），在 RCP4.5 情景
下，2030s 减产率平均为 8.8%，2050s 为 9.5%；在 RCP8.5 情景下，2030s
和 2050s 减产率平均为 12.1% 和 14.1%。总体来说，RCP8.5 情景较 RCP4.5
情景减产效应更大，两个情景减产率平均值分别为 14.5%、7.8%，2050s 较
2030s 减产效应更大，减产率平均值分别为 12.9%、9.4%。从空间差异来看，
在无适应措施条件下，华北平原、东北地区和西南地区以减产为主，变化幅度
较小，主要集中在减产 20% 至 0%；北方地区增产和减产的格点约各占一半，
变化幅度较大，大部分区域超过 30%。

保持当前灌溉条件的未来玉米潜在产量：在 RCP4.5 情景下，2030s 和

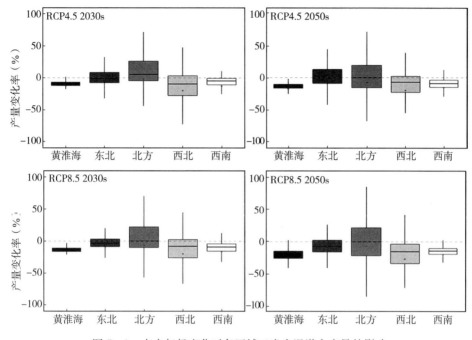

图 7-1　未来气候变化对各区域玉米光温潜在产量的影响
（相对于基准年单产的变化）

2050s 减产率分别为 10.2% 和 2.9%（图 7-2）；在 RCP8.5 情景下，2030s 和
2050s 减产率平均为 14.5% 和 16.9%。总体来说，与无水分胁迫的光温产量
相比，在当前灌溉条件下北方地区未来玉米呈增产趋势的区域占比减小，山
西、陕西、宁夏和新疆的减产面积和减产幅度明显增大。

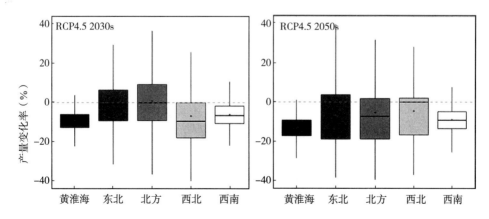

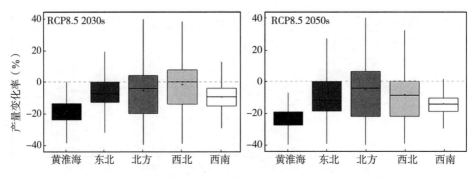

图 7-2　当前灌溉条件下未来气候变化对各区域玉米产量的影响
（相对于基准年单产的变化）

三、不同适应措施对未来玉米产量的作用

（一）播期调整对未来玉米产量的作用

相对当前品种及播期而言，各区域未来玉米播期提前 5 天对玉米单产的影响如图 7-3 和图 7-4，由图可以看出，无水分胁迫条件下，播期提前 5 天，

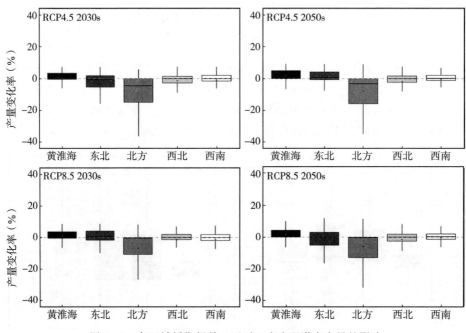

图 7-3　各区域播期提前 5 天对玉米光温潜在产量的影响
（相对于未来常规播期的单产）

西北地区、西南地区、华北平原和东北地区的玉米由减产效应为主变为增产效应为主，变化幅度主要集中在 0%～10%，北方地区在采取适应措施前以减产效应为主的地区减产幅度减小，主要集中在减产 10% 至 0%，在播期调整前以增产效应为主的地区则转为减产。当前灌溉条件下，未来播期提前 5 天，产量变化空间分布趋势与光温潜在条件相同，但华北平原的增产站点较少。综上所述，在北方地区的部分区域、西南地区、华北平原和东北地区，提前 5 天播种有利于规避气候变化对玉米产量的不利影响；而在内蒙古东北部区域，提前 5 天播种反而不利于产量提升。其中 RCP8.5 情景下的适应效果较 RCP4.5 情景下更好，与不采取适应措施处理相比，播期提前的产量变化率平均值分别为减产 3.0% 和减产 3.7%；2050s 的适应效果较 2030s 更好，产量变化率的平均值分别为减产 3.0% 和减产 5.5%。

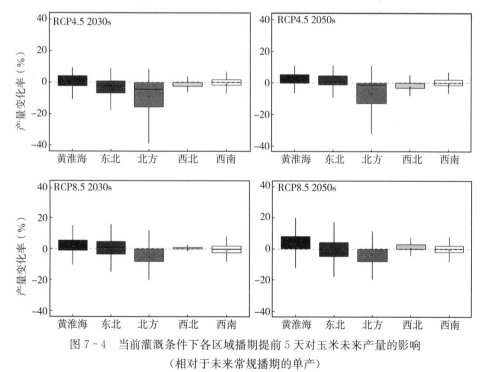

图 7-4　当前灌溉条件下各区域播期提前 5 天对玉米未来产量的影响
（相对于未来常规播期的单产）

各区域播期延后 5 天对玉米单产的影响如图 7-5 和图 7-6，由图可以看出，无水分胁迫条件下，播期延后 5 天，西北地区、西南地区、华北平原和东北地区的玉米由减产效应为主变为增产效应为主，变化幅度主要集中在 0%～10%，北方地区在采取适应措施前以减产效应为主的地区减产幅度减小，主要集中在减产 10% 至 0%，在采取适应措施前以增产效应为主的地区则增产幅度减小，由原来的 30％以上为主减少为 0％～20％为主。在当前灌溉条件下，播期延后 5 天，玉米未来产量变化空间分布趋势与潜在条件相同，但华北平原的增产站点较多。综上所述，在北方地区的部分区域、西南地区、华北平原和东北地区，延后 5 天播种有利于规避气候变化对玉米产量的不利影响；而在内蒙古东北部区域，提前 5 天播种反而会使增产率降低。其中 RCP8.5 情景下的适应效果较 RCP4.5 情景下更好，产量变化率的平均值分别为减产 1.4％和减产 2.4％；2050s 的适应效果较 2030s 更好，产量变化率的平均值分别为减产 1.3％和减产 2.5％。

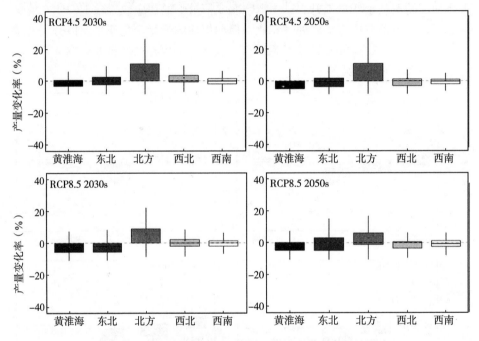

图 7-5　各区域播期延后 5 天对玉米光温潜在产量的影响
（相对于未来常规播期的单产）

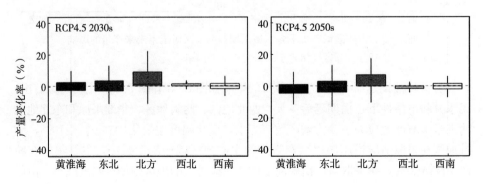

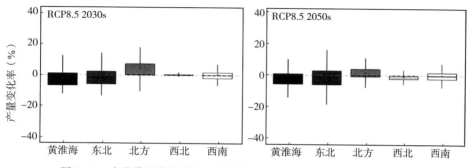

图 7-6　当前灌溉条件下各区域播期延后 5 天对玉米未来产量的影响
（相对于未来常规播期的单产）

（二）品种调整对未来玉米产量的作用

如图 7-7 和图 7-8 所示，未来气候条件下，与不采取适应措施的处理相比，采用适宜熟型的长熟期品种，能明显提高西南地区和西北地区的玉米光温潜在产量，西南地区大部分区域的玉米产量变化率大于 30%，西北地区主要集中在 0%~20%，但不利于东北地区、华北平原和北方地区玉米产量的提

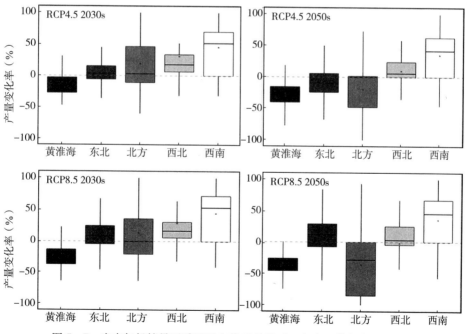

图 7-7　未来气候情景下采用适宜熟型品种对玉米光温潜在产量的影响
（相对于当前熟型的未来单产）

升，产量变化率以减产 30％ 至减产 20％ 为主。在当前灌溉条件下，采取适宜熟型的品种，能明显提高西南地区、华北地区、辽宁省和吉林省的玉米产量，大部分区域的产量变化率超过 30％，但不利于北方地区和黑龙江省玉米产量的提升，产量变化率以减产 30％ 至减产 10％ 为主。综上所述，在西南地区、西北地区、辽宁省和吉林省，采取适宜熟型的品种有利于规避气候变化对玉米产量的不利影响；而在北方地区和黑龙江省，采取适宜熟型的品种反而会使增产率降低。其中当前灌溉条件下的适应效果比潜在条件下更好；RCP8.5 情景下的适应效果与 RCP4.5 情景基本一致；无水分胁迫条件下 2030s 的适应效果较 2050s 更好，当前实际灌溉条件下未来 2050s 的适应效果较 2030s 更好。该模型在区域尺度的模拟结果与上一章 MCWLA 模型的评价结果不完全相同，特别是在西南地区的表现，后续需进行进一步降低不确定性。

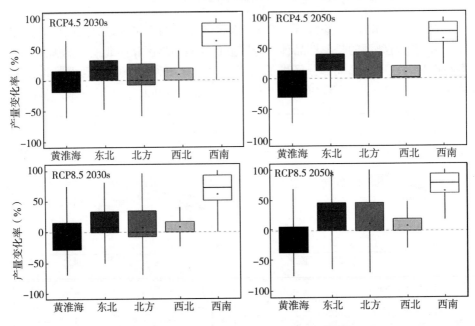

图 7-8　当前灌溉条件下未来采用适宜熟型品种对玉米产量的影响
（相对于当前熟型的未来单产）

机械粒收背景下，如图 7-9 和图 7-10，与采用适宜熟型品种的变化趋势基本一致，但北方地区和黑龙江省减产的站点更少，西南地区增产的站点更多。潜在条件下，采取适宜机收的品种，能明显提高西南地区、西北地区和北方地区的玉米产量，大部分区域的产量变化率超过 30％，但不利于华北平原和黑龙江省玉米产量的提升，产量变化率以减产 30％ 至减产 20％ 为主。在当前灌溉条件下，采取适宜机收的品种，能明显提高未来西南地区、华北地区、辽宁省和吉林省的玉米产量，大部分区域的产量变化率超过 30%，但不利于北方地区和黑龙江省玉米产量的提升，产量变化率以减产 30% 至减产 10% 为主。综上所述，在西南地区、辽宁省和吉林省，采取适宜机收的品种有利于规避气候变化对玉米产量的不利影响；而在北方地区和黑龙江省，采取适宜机收的品种反而会使增产率降低。其中在当前灌溉条件下的适应效果比潜在条件下更好；RCP8.5 情景下的适应效果与 RCP4.5 情景基本一致；潜在条件下 2030s 的适应效果较 2050s 更好，在当前灌溉条件下 2050s 的适应效果较 2030s 更好。

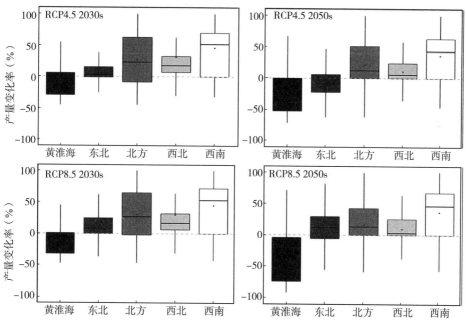

图 7-9 各区域未来采用机械粒收品种对玉米光温潜在产量的影响
（相对于当前熟型的未来单产）

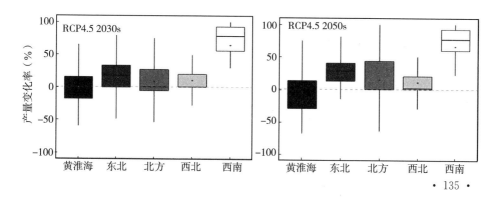

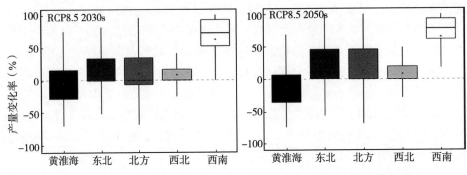

图 7-10　各区域当前灌溉条件未来采用机械粒收品种对玉米产量的影响
（相对于当前熟型的未来单产）

四、结论与建议

在无适应措施条件下，未来气候变化对我国玉米主产区玉米未来产量的影响以减产为主。各区域未来玉米播期提前或延后 5 天对玉米单产的影响较小。未来更换适宜熟型的品种有利于规避气候变化对玉米产量的不利影响，特别是在西南地区、西北地区、辽宁省和吉林省等地区较为明显。采取适宜机收的品种亦可一定程度上规避气候变化对玉米产量的不利影响，在西南地区以及辽宁省和吉林省效果较为明显。

第八章　未来气候变化对玉米生产的影响及适应性措施作用评估：基于 DSSAT 模型

气候变化对全球自然系统和人类系统所带来的影响越来越显著，利用影响评估及适应和减缓措施同步应对全球气候变化势在必行。根据 IPCC《全球升温 1.5℃特别报告》，2006　2015 年这十年观测的全球平均表面温度比 1850—1900 年的平均值升高了 0.87℃，全球几乎所有地区都正在经历变暖（IPCC，2018）。气候变化体现在多个方面，如高温和干旱胁迫加剧、热浪频发、作物生长季缩短、土壤肥力下降、土地退化、病虫害加剧等，其中温度上升最为显著，对农业生产与粮食安全影响也最为直接；另外，气候变化导致降水在全球各个区域呈现出不稳定、不及时、突发性强等特点，引起干旱、洪涝、旱涝急转等灾害频次和强度增加，导致粮食歉收、生态环境恶化（许吟隆等，2020；丁锐与史文娇，2021；赵彦茜等，2019；李祎君等，2010；李广等，2012）。第二章显示，近 50 年中国的地表气温加速上升，气候变暖十分明显，明显高于全球百年增温值。未来气候变化情景下，高温干旱等极端气候事件也日益频发（详见本书第三章），气候变化带来的光照、温度和水分的变化也都会直接造成玉米产量的变化，同时气候变暖对玉米生长的影响存在着明显的时空特征（Kocsis 等，2019；李鸣钰，2021），不同地区和季节玉米生长季的背景温度差异，以及相应地区和季节气温升高幅度的不同，都会导致玉米生产呈现出较大差别。针对气候变化对玉米的影响，当前国内外主要从三个方面开展研究，一类是运用作物模型，结合气候情景数据以及站点实测数据，预估未来气候变化对玉米生长过程及产量的影响（Lobell 等，2014）；作物模型基于作物生长过程建立，对于作物生长动态变化趋势模拟效果较好，在预测未来产量变化研究上应用前景广阔（李鸣钰等，2021；李阔等，2018；Lobell 等，2010；马雅丽等，2009），以预测未来气候变化情景下作物产量变化趋势及时空分布格局。一类是基于历史气候统计数据及玉米关键生长过程，开展极端气候事件对玉米生长的统计相关分析（Zipper 等，2016；Ray 等，2018；Schlenker 和 Lobell，2010）；通过运用时间序列模型、截面模型、面板模型等统计方法，分析长时间序列气候要素对玉米产量的影响，其往往可操作性强，但机理性不足，无法厘清不同要素的交叉影响（Zhao 等，2017；谢立勇等，2008；张振涛等，2018）。另外一类方法是开展气候灾害对玉米生长影响的试验，从气候因子、灾害指标对玉米生长机理影响层面进行研究（Cui 等，2019；Liu 等，2010；周林等，2014）；根据研究目的进行特定田间定位试验，通过气温、降水、辐射等气象因素以及 CO_2 浓度的控制试验量化气候变化对作物的影响（许吟隆等，2016），该方法可以获取第一手数据资料，但由于往往是单点或多点试验，区域代表性不足，不适合开展长期、大空间尺度的作物产量变化研究。

本章基于 DSSAT 系统的 CERES - Maize 评估未来气候变化对玉米产量的影响，并评估适应性措施（改变品种、调整播期、改善水肥管理等）对玉米产量的作用。通过多模型评估，降低未来气候变化对玉米产量影响的不确定性。

一、DSSAT 模型评估研究方法

（一）研究区域

玉米品种在不同区域呈现出显著的差异，为了更为精细化模拟不同区域的玉米生育期及产量，本章节在玉米种植大区基础上，进一步根据不同区域的光、温、水、土等自然条件，对各个玉米种植区进行了划分，5 个大区同第六章和第七章。

（二）CERES - maize 模型简介

DSSAT（Decision Support System forAgrotechonolgy Transfer）包括一系列针对不同作物的模型，CERES - Maize 是针对玉米的影响评估模型，其中涉及的玉米关键遗传参数包括 6 个主要遗传参数，其中 P1 为幼苗期生长特性参数，即从出苗至幼苗末期所需的温度、时间；P2 为与光周期有关的参数；P5 为从吐丝到生理成熟所需的温度、时间；G2 为单株最大穗粒数；G3 为潜在灌浆速率参数，指最适灌浆条件下线性灌浆阶段的籽粒灌浆速率；PHINT 为出叶间隔特性参数，即叶热间距。通过对模型中遗传参数的不断调试，使得开花期、成熟期与产量等关键因子的模拟值与实测值的误差校准在可以接受的范围内，最终确定该品种的遗传参数。

（三）模拟研究方法

模型参数率定：本研究用于率定 DSSAT 模型的玉米生长数据来自玉米种植区内 2000—2015 年 129 个农气站及中国农业科学院作物所的生态联网光热试验站点的气象、物候、产量、生长特征等数据资料。由于各个种植区内典型站点的数据完备程度不同，因此用于校准验证的年份在各个站点存在不同，但整体上以 2~3 连续年份的站点数据用于遗传参数校验，再选取另外 2~3 连续年份的站点数据进行遗传参数验证。校验与验证模型参数的指标主要为玉米生长物候和产量，包括播种-开花天数（ADAP）、播种-成熟天数（MDAP）和籽粒产量（HWAM），以模拟值与实测值的均方根误差（RMSE）<10%，特别是对于生育期的模拟更为接近的参数组合作为优选。

各大区内的模型参数率定，对于北方玉米种植区，根据省级行政区划将北方玉米种植区分为 4 个农业亚区：Ⅰ北部玉米种植区；Ⅱ中部玉米种植区；Ⅲ南部玉米种植区；Ⅳ西部玉米种植区。在我国西北玉米种植区，根据省级行政区划将北方玉米种植区分为 3 个农业亚区：Ⅰ西部玉米种植区；Ⅱ中部玉米种植区；Ⅲ东部玉米种植区。在我国西南玉米种植区，根据省级行政区划将北方玉米种植区分为 2 个农业亚区：Ⅰ北部玉米种植区；Ⅱ南部玉米种植区。各子区域内的站点组合选取多套模型参数作为子区域尺度的模型参数，气象、土壤和管理参数按照 0.5°网格点设置。

玉米种植信息来自中国种植业信息网，土壤数据来自中国土壤数据库。历史气象数据来自中国气象局资料中心的中国地面气象站日值数据集，未来气象数据使用 PRECIS 模式 0.5°网格点 RCP4.5 以及 8.5 情景下 2030s 和 2050s 的输出订正数据（详见本书第三章），本章的灌溉设置按照当前各地区实际的灌溉条件设置。

（四）未来气候变化对玉米生产影响及适应性措施模拟设置

本章基于区域气候模式 PRECIS 模拟的 2030s（2021—2040 年）、2050s（2041—2060 年）未来气候情景数据（RCP4.5，RCP8.5），在各个区域品种及水肥管理措施保持不变的情况下，运用 CERES - Maize 模型模拟 2030s 与 2050s 我国玉米主产区在 RCP4.5 与 RCP8.5 情景下玉米单产，分析不同时段与不同情景下玉米产量相对于基准情景下（1986—2005 年）玉米产量的变化，评估未来气候变化对我国玉米生长发育及产量带来的影响。本章设置了如下几种适应性措施，评估其对未来气候变化情景下玉米产量的作用，分别是：

1. 播期调整

针对现有品种的常规播期，设置了品种不变条件下播期提前 5 天和播期延后 5 天两种情况，以评估播期调整对玉米单产的影响。

2. 充足灌溉

设置该措施，以评估在补充灌溉条件下，充足水分灌溉对玉米单产的作用，也借以评估在补充灌溉条件下未来干旱对玉米产量的可能影响。

3. 品种调整

本章设置了2种未来的可能品种，主要是根据未来气候变化情景设置的未来可能品种，即灌浆速率提升10%的品种和延长生殖生长期时长（从吐丝至成熟的时长）的品种。

二、未来气候变化对中国玉米主产区产量的影响

模拟结果显示，未来气候变化对我国玉米生产影响显著，不同地区呈现出减产与增产并存的趋势，其中未来增产面积占到35%～43%，减产面积占57%～65%。在不同情景与不同时段下，未来玉米产量变化呈现出较为相似的空间分布，增产区域主要分布在黑龙江西北部及东南部、吉林东部、内蒙古东部及中部、宁夏大部、陕西西部、甘肃东部及北部等地区，在新疆北部、云南西北部、四川南部等地区也有零星分布，其他大部分区域呈现出减产的趋势。

从时间层面来看，2030s，RCP4.5情景下全国玉米呈现出增产的趋势，平均单产增幅5.66%，RCP8.5情景下全国玉米呈现出减产态势，平均单产变幅为−1.25%；2050s，RCP4.5与RCP8.5情景下全国玉米均呈现更为严重的减产趋势，平均单产变幅分别为−5.43%、−12.62%，尤其在RCP8.5情景下超过7成减产区域的减产程度显著上升，呈现出非常严峻的态势。从空间层面来看，2030s玉米减产的范围及面积占全国玉米种植面积的61%～66%，2050s主要减产区域的分布范围有一定程度的扩张，减产面积占比在65%～69%；尤其在RCP8.5情景下减产程度大幅增加。

从区域分布来看（图8-1），玉米主产区大部分呈现明显减产态势，尤其在东北、华北、西南等地区玉米减产显著，北方地区在未来气候变化情景下呈现出明显增产趋势，西北地区未来增产机遇与减产风险并存。华北地区与西南地区，在RCP4.5、RCP8.5情景下，2030s与2050s，绝大部分区域均呈现出减产态势，减产幅度范围均集中在−50%～−10%；东北地区在RCP4.5、RCP8.5情景下，2030s与2050s，大部分区域呈现出减产态势，小部分地区呈现出增产趋势，其单产变化幅度范围集中在−40%～10%；西北地区在RCP4.5、RCP8.5情景下，2030s与2050s，部分区域呈现出增产态势，部分地区呈现出减产趋势，其单产变化幅度范围集中在−40%～40%；北方地区在RCP4.5、RCP8.5情景下，2030s与2050s，大部分区域呈现出增产态势，少部分区域呈现减产趋势，其单产变化幅度范围集中在−30%～60%。

综合来看，随着时间推移，若不采取应对措施，我国玉米减产风险将逐渐增大，尤其在RCP8.5情景下各个玉米产区减产风险十分突出；其中

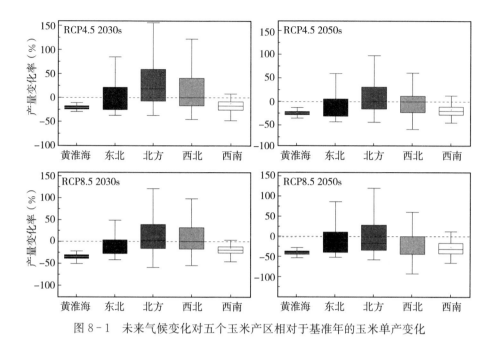

图 8-1　未来气候变化对五个玉米产区相对于基准年的玉米单产变化

RCP8.5、2050s 情景下我国玉米生产将面临最大的减产风险；而 RCP4.5、2030s 情景下我国玉米生产面临的威胁相对较小，整体上有增产的潜力。

三、不同适应措施对未来玉米产量的作用

（一）未来播期调整对玉米单产的影响

调整作物的播期可以改变作物生育期内光温水热的配置，充分利用气候条件可以达到趋利避害的效果。在气候变化背景下，随着全球温度上升，玉米生长季内温度也会出现显著变化，在保持玉米品种、土壤性质和其他农田管理措施不变的前提下，调整未来玉米播种日期将对玉米产量产生显著影响；为了摸清未来气候变化条件下玉米的适宜播期变化，本研究设定了播期提前 5 天、播期延后 5 天两种情景，分析在不同区域玉米播期调整对玉米生长发育及产量的影响。

相对于未来气候变化条件下无处理措施情景，播期调整对我国玉米生产影响相对较小，呈现出在不同地区减产与增产并存的趋势，其中未来增产面积占到 50%～68%，减产面积占 21%～50%。在不同情景与不同时段下，播期提前 5 天条件下未来玉米产量变化呈现出较为相似的空间分布，减产区域主要分布在黑龙江中部、辽宁南部、华北大部、内蒙古中部、新疆北部及西部、甘肃南部、宁夏北部、四川西部、贵州大部、云南北部及南部等地区，在重庆、陕

西、吉林等地区也有零星分布，其他大部分区域呈现出增产的趋势。播期延后5天条件下未来玉米产量变化相对于播期提前5天，空间分布有明显差异，减产区域明显减少，主要分布在黑龙江北部、内蒙古中部及北部、新疆北部、甘肃南部、四川西部及中部、云南南部等地区，在陕西、贵州、重庆、辽宁、华北等地区也有零星分布，其他大部分区域呈现增产趋势。

从时间层面来看（图8-2），相对于未来气候变化条件下无适应措施情景，2030s，播期提前5天，RCP4.5情景下全国玉米呈现出增产的趋势，平均单产增幅2.8%，RCP8.5情景下全国玉米呈现更显著的增产态势，平均单产增幅为4.0%；2050s，播期提前5天RCP4.5与RCP8.5情景下全国玉米均也呈现出增产趋势，但相较于2030s增产幅度显著降低，平均单产变幅分别为1.3%、1.6%。相对于未来气候变化条件下无处理措施情景，2030s，播期延后5天，RCP4.5情景下全国玉米呈现出减产的趋势，平均单产变幅为-0.38%，RCP8.5情景下全国玉米呈现更显著的减产态势，平均单产变幅为-0.7%；2050s，播期延后5天RCP4.5与RCP8.5情景下全国玉米均呈现出增产趋势，平均单产变幅分别为1.1%和2.5%。

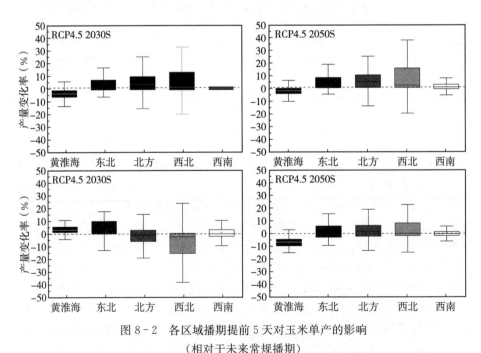

图8-2　各区域播期提前5天对玉米单产的影响

（相对于未来常规播期）

从空间层面来看，2030s播期提前5天玉米减产的范围及面积占全国玉米种植面积比例在 37%~46%，2050s 主要减产区域的分布范围有一定程度的扩张，减产面积占比在 49%~51%；尤其在 RCP4.5 情景下减产程度大幅增加。2030s 播期延后 5 天玉米减产的范围及面积占全国玉米种植面积比例在 37%~43%，2050s 主要减产区域的分布范围有一定程度的减少，减产面积占比在 32%~34%。对比播期提前 5 天与播期延后 5 天两项措施，可以发现，后者比前者减产面积有一定程度减少，但其单位面积减产程度显著高于前者，最终导致前者增产效应较为显著，后者增产效应在 RCP8.5 情景下才有所体现。从全国整体来看，随着气候变暖，适宜玉米生长的日期将延长，理论上提前播期具备了客观条件，结合未来气候变化的温度、降水等要素分析，可以发现，在当前播期基础上提前播种，玉米中后期将可能有效规避高温催熟风险，因此播期提前将带来较大的增产效应，而播期延后则可以很大程度上导致高温减产风险。但在不同区域提前播期与延后播期对玉米产量影响并不相同，以华北地区为例，未来气候情景下播期延后相对于播期提前将显著降低玉米减产风险，这与未来降水时空演变趋势有着显著关系，因此对于未来气候变化情景，应根据不同区域进行具体细致分析，因地制宜地采取适应性措施。

从区域尺度单产变幅来看，相对于未来气候变化条件下无适应措施的情景，播期提前 5 天玉米主产区大部分呈现明显增产态势，尤其在东北、北方、西北等地区玉米增产显著，黄淮海地区在未来气候变化情景下呈现出明显减产趋势，西南地区未来增产机遇与减产风险并存。黄淮海地区，在 RCP4.5、RCP8.5 情景下，2030s 与 2050s，绝大部分区域均呈现出减产态势，减产幅度范围均集中在 -10%~0%；西南地区在 RCP4.5、RCP8.5 情景下，2030s 与 2050s，增产机遇与减产风险较为均衡，其单产变化幅度范围集中在 -5%~5%；东北、北方、西北地区在 RCP4.5、RCP8.5 情景下，2030s 与 2050s 大部分区域呈现出增产态势，小部分地区呈现出减产趋势，其单产变化幅度范围集中在 -5%~15%。

相对于未来气候变化条件下无适应措施的情景，播期延后 5 天，在黄淮海、东北等地区玉米增产显著，北方、西北地区在未来气候变化情景下呈现出明显减产趋势（图 8-3），西南地区未来增产机遇与减产风险并存。黄淮海地区，在 RCP4.5、RCP8.5 情景下，2030s 与 2050s，绝大部分区域均呈现出增产态势，增产幅度范围均集中在 0%~10%，与播期提前态势相反；西南地区在 RCP4.5、RCP8.5 情景下，2030s 与 2050s，增产机遇与减产风险仍相对平衡，其单产变化幅度范围集中在 -5%~5%；东北地区在 RCP4.5、RCP8.5 情景下，2030s 与 2050s 基本呈现出增产态势，其单产变化幅度范围集中在 0%~15%；北方、西北地区在 RCP4.5、RCP8.5 情景下，2030s 与 2050s 大部分区域呈现出增产态势，小部分地区呈现出减产趋势，其单产变化幅度范围集中在—5%～15%，与播期提前趋势一致。

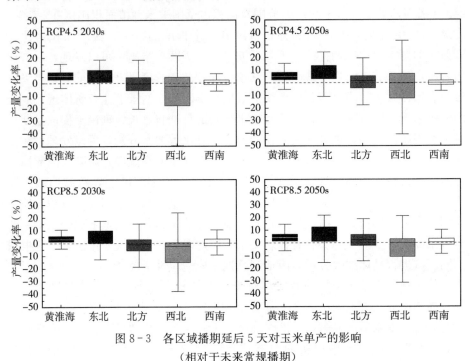

图 8-3　各区域播期延后 5 天对玉米单产的影响

（相对于未来常规播期）

综合来看，对于全国玉米种植，未来气候变化情景下播期提前相比于播期延后整体上将更加有利于玉米生产，但在不同区域有一定差异；在黄淮海与东北地区，未来播期延后将对玉米产量更加有利。而在北方与西北地区，未来播期提前将对玉米产量更加有利，播期调整对西南地区产量的影响则不显著。

（二）未来充足灌溉对玉米单产的作用

充足的水分供应是保证玉米产量的重要条件，尤其在玉米生长的需水关键期水分供应尤为重要，包括出苗期、拔节期、抽雄开花期、灌浆期。受未来气候变化影响，不同区域降水分布不均，虽然未来不同气候情景下大部分区域降水明显增加，但有些区域降水反而呈下降趋势，且降水在生育期内分布也不均匀，因此水分变化导致玉米生长受到的影响也各不相同。为了理清未来气候变化情景下，降水分布不均对整个北方地区玉米生产的影响，本部分设定了充足灌溉条件，以评估我国玉米种植区面临的降水亏缺减产风险。

相对于未来气候变化条件下无灌溉措施，充足灌溉对我国玉米生产提升较

为显著（图 8-4），大部分区域呈现增产的趋势，其中未来增产面积占到 95%
以上，个别地区（<5% 的面积）存在减产奇异值（需具体分析，不影响区域总
趋势）。在不同情景与不同时段，充足灌溉条件下未来玉米产量变化呈现出较为
相似的空间分布，绝大部分区域呈现增产态势，尤其在北方地区增产显著，东
北、黄淮海地区增产幅度次之，在西北、西南等地区增产幅度相对较小。

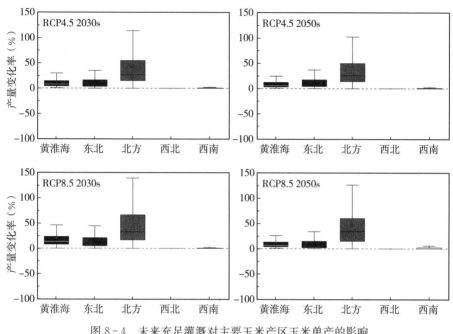

图 8-4　未来充足灌溉对主要玉米产区玉米单产的影响
（相对于未来气候下的常规灌溉条件）

　　从时间层面来看，相对于未来气候变化条件下无处理措施情景，2030s、
RCP4.5 情景下全国玉米呈现出增产的趋势，平均单产增幅 15.18%，RCP8.5
情景下全国玉米呈现更显著的增产态势，平均单产增幅为 18.90%；2050s、
RCP4.5 情景下全国玉米也呈现出增产趋势，平均单产增幅 15.19%，与
2030s 相似；RCP8.5 情景下相较于 2030s 增产幅度显著提升，达到 33.86%。

　　从区域分布来看（图略），充足灌溉下玉米主产区大部分呈现明显增产态
势，尤其在黄淮海、东北、北方等地区玉米增产显著，西北、西南地区在未来
气候变化情景下也呈现出较弱的增产趋势。黄淮海地区与东北地区，在
RCP4.5、RCP8.5 情景下，2030s 与 2050s，绝大部分区域均呈现出增产态势，
增产幅度范围均集中在 0%～20%；北方地区在 RCP4.5、RCP8.5 情景下，
2030s 与 2050s，全部区域都呈现出增产态势，其单产变化幅度范围集中在

0%～60%；西北与西南地区在 RCP4.5、RCP8.5 情景下，2030s 与 2050s，部分区域呈现出增产态势，部分地区呈现出减产趋势，其单产变化幅度范围集中在−3%～3%。

综合来看，充足灌溉对于玉米生长具有非常显著的正向影响，尤其在黄淮海、东北及北方地区，保障充足灌溉的条件下未来玉米产量会有显著的提升；由于本研究对比的基准情景是补充灌溉条件，西北与西南地区对于水分需求非常大，其补充灌溉条件基本接近充足灌溉水平，因此导致充足灌溉产生的影响较小。

（三）未来品种调整对玉米产量的作用

品种是制约玉米产量的关键因子。不同玉米品种的特点各异，各个地区的主栽品种也往往并不相同，一个区域的优势品种往往与当地的气候、土壤、生态环境能够较好的匹配。随着气候变化，每个区域的水、土、气、生等环境要素都在发生变化，因此对玉米品种的要求也在发生变化。

为了更好的理清未来玉米品种的选育方向，本书基于未来气候尝试进行品种调整，对比分析品种调整对我国未来玉米产量的影响，从而为未来气候变化背景下玉米育种提供科学借鉴。

1. 选育提升籽粒灌浆速率品种对未来玉米单产的影响

相对于未来气候变化条件下无应对措施情景，选育籽粒灌浆速率提升10%的品种，大部分区域呈增产趋势（84%～94%的面积），减产区域仅占6%～16%（分布图略），主要在华北东部、内蒙古中部、新疆北部及西部、四川西部、云南北部等零星分布的少部分地区，在甘肃、宁夏等地区也有零星分布。具体来讲，在 2030s，选育提升籽粒灌浆速率品种，玉米减产的范围及面积占全国玉米种植面积比例在 6%～10%，2050s 主要减产区域的分布范围有一定程度的扩张，减产面积占比在 12%～14%。

在全国尺度玉米增产幅度方面，相对于未来气候变化条件下无应对措施的管理情景，2030s，选育提升籽粒灌浆速率品种，RCP4.5 情景下全国玉米呈现出增产的趋势，平均单产增幅 6.5%（图 8-5），RCP8.5 情景下全国玉米呈现稍弱的增产态势，平均单产增幅为 5.9%；2050s，RCP4.5 与 RCP8.5 情景下全国玉米也呈现出增产趋势，但相较于 2030s 增产幅度有一定程度降低，平均单产变幅分别为 4.0%、4.41%。

在区域特征及单产增减幅度方面，相对于未来气候变化条件下无应对措施的管理情景，选育提升籽粒灌浆速率品种，玉米主产区大部分呈现明显增产态势，尤其在东北、北方、西南等地区玉米增产显著。黄淮海地区，在 2030s 未

来增产机遇与减产风险并存，单产变化幅度范围集中在－5％～10％，2050s
呈现增产趋势，增产幅度在0％～10％范围内；西北地区，在2030s呈现出明
显增产趋势，其单产变化幅度范围集中在5％～10％，而在2050s呈现减产趋
势，其单产变化幅度范围集中在－50％～10％；东北、北方、西南地区在
RCP4.5、RCP8.5情景下，2030s与2050s绝大部分区域呈现出增产态势，其
单产变化幅度集中在5％～10％。

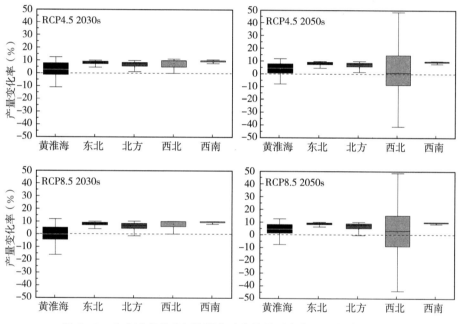

图8-5　未来选育提升籽粒灌浆速率品种对主产区玉米单产的影响
（相对于未来常规品种）

2. 选育延长生殖生长期时长的品种对未来玉米单产的影响

相对于选育提升籽粒灌浆速率的品种，未来若选育延长吐丝-成熟期生
长时长的品种，玉米单产区域分布将有一定差异，减产区域有所增加，但主
产区单产仍以增产为主。84％～90％的玉米主产区单产表现为增产，减产区
域与前一品种分布面积略有增加。具体来讲，在2030s，选育延长吐丝-成熟
生长时长的品种，玉米减产的范围及面积占全国玉米种植面积比例仅为
10％～13％，2050s主要减产区域的分布范围有一定程度的增加，减产面积占
比为14％～16％。

在全国尺度增产幅度方面，相对于未来气候变化条件下无处理措施情景，
2030s，延长吐丝-成熟生长时长的品种，RCP4.5情景下全国玉米呈现出增产

的趋势，平均单产变幅为 8.0%，RCP8.5 情景下全国玉米呈现稍弱的增产态势，平均单产增幅为 7.1%；2050s，RCP4.5 与 RCP8.5 情景下全国玉米均呈现出增产趋势，平均单产变幅分别为 7.1%、7.4%。

对于不同区域玉米单产增减幅度（图 8-6），在黄淮海、东北、北方、西南等地区玉米增产显著，在 RCP4.5、RCP8.5 情景下，2030s 与 2050s，绝大部分区域均呈现出增产态势，增产幅度范围均集中在 0%～15%；西北地区在 RCP4.5、RCP8.5 情景下，2030s 增产趋势显著，其单产变化幅度范围集中在 0%～15%，2050s 增产机遇与减产风险并存，其单产变化幅度范围集中在 -50%～10%。

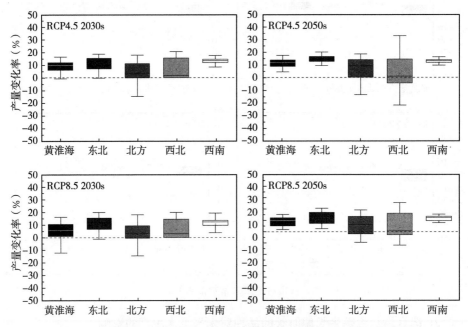

图 8-6　未来选育延长吐丝-成熟时长的品种对主产区玉米单产的影响
（相对于未来常规品种）

对比两项品种调整措施，可以发现，对于玉米品种，在未来气候变化条件下，如果能够延长吐丝-成熟的生长时长，增加吐丝-成熟期积温，将起到明显的增产效果，而选取提升籽粒灌浆速率的品种，其增产效果相对较小。综合来看，对于北方与西北玉米种植区，在未来气候变化背景下选育吐丝-成熟生长季延长的品种，增加吐丝-成熟期积温，增产机遇与减产风险并存，应开展大田试验进行精细化区域验证，最终确定不同区域的育种方向；对于东北、黄淮海、西南等玉米种植区而言，在未来气候变化背景下选育吐丝-成熟生长季延长的品种，增加吐丝-成熟期积温，能够更好地适应未来气候变化，可以为该地区玉米育种提供一定的借鉴。

综合来看，在未来气候变化条件下，玉米生长季热量将显著增加，若能选育出吐丝-成熟期生长时长延长的玉米品种，充分利用未来这段时期增加的积温，可以有效增加玉米籽粒干物质积累，将起到明显的增产效果，而选育提升籽粒灌浆速率10%的品种，其增产效果也比较显著，但相对于前者则增产幅度略低。因此，未来选育延长吐丝-成熟的生长时长与提升籽粒灌浆速率的玉米品种，可以有效利用未来气候变化条件下水、热、辐射等气候资源，对于保障未来玉米产量有积极作用。

四、结论与建议

基于DSSAT模型，本章评估得出如下主要结论：

未来升温情景会显著缩短玉米的生长期，并进一步导致当前玉米产区出现普遍的大幅度减产。随着时间推移，若不采取应对措施，我国玉米减产风险将逐渐增大，尤其在RCP8.5情景下各个玉米产区减产风险十分突出；其中2050s时段RCP8.5情景下我国玉米生产将面临最大的减产风险。

另外，玉米种植边界将向北移动，北方、东北地区的玉米适宜种植区将增大，在这些地区进行玉米种植将在一定程度上抵消其他地区的玉米减产预期，尤其在2030s时段RCP4.5情景下我国玉米生产面临的威胁相对较小，整体上有增产的潜力。但在2050s时段我国玉米产量整体会面临10%～30%的减产，采用适应性措施十分必要。

未来气候变化情景下播期提前相比于播期延后整体上将更加有利于玉米生产，但在不同区域有一定差异；在黄淮海与东北地区，未来播期延后将对玉米产量更加有利，而在北方部分区域与西北地区，未来播期提前将对玉米产量更加有利，播期调整对西南地区产量的影响则不显著。

在未来气候变化条件下，玉米生长季热量将显著增加，如果能够延长玉米吐丝-成熟的生长时长，增加吐丝-成熟期积温，可以有效增加玉米籽粒干物质积累，将起到明显的增产效果，而选取提升籽粒灌浆速率的品种，其增产效果也比较显著，但相对于前者则较小。在西南地区、辽宁省和吉林省，采取适宜机收的品种有利于规避气候变化对玉米产量的不利影响；而在北方地区和黑龙江省，采取适宜机收的品种反而会使增产率降低。

第九章 未来气候变化对玉米 生产的多模型评估

前述第六章、第七章和第八章分别采用三种作物模型 MCWLA、APSIM、DSSAT 评估了在未来气候变化情景下（RCP 4.5 和 RCP 8.5）中国玉米主产区玉米单产相对于基准年（1986—2005 年）的变化，并评估了不同适应性措施对玉米单产的作用。本章根据前 3 章采用三个作物模型得出的评估结果进行汇总分析，辨识未来气候变化对玉米产量的可能影响，以及应对措施对玉米生产在气候变化背景下趋利避害的作用，用多模型评估结果为玉米生产系统应对气候变化的适应性栽培途径及策略提供科学参考。

一、未来气候变化对玉米单产的影响：基于三模型评估

为了综合比较 MCWLA、DSSAT、APSIM 三种作物模型的模拟结果，本节从区域层次就各模型对黄淮海、东北、北方、西北、西南五个玉米种植区的总体模拟结果进行汇总比较，本节选取三个作物模型对各区模拟结果的众数、上四分位值（全部数值按从大到小排列，处于 25％位置的数值）、中位值（全部数值按从大到小排列，处于 50％位置的数值）、下四分位值（全部数值按从大到小排列，处于 75％位置的数值）进行作图，通过上四分位值、中位值、下四分位值表征不同作物模型的主要模拟结果，通过多模型综合结果辨识未来气候变化对玉米生产的影响。

从图 9-1 可以看出，在 RCP4.5 与 RCP8.5 情景未来 2030s 和 2050s 时段，对于黄淮海夏玉米区，三个模型玉米产量模拟结果均显示减产趋势，其中 MCWLA 模拟结果绝大部分网格点表现减产幅度较大，APSIM 结果减产幅度较小，DSSAT 结果减产幅度介于两者之间。

对于东北地区，三个模型模拟春玉米产量呈现出一定差异性，其中 MC-WLA 模拟结果绝大部分网格点减产趋势明显，APSIM 与 DSSAT 模拟结果分布相似，在部分网格点有一定的增产趋势，大部分网格点呈现减产趋势。

对于北方春玉米区，三个模型模拟的玉米产量具有相似趋势，部分网格点呈现减产趋势，部分网格点呈现增产趋势，其中 MCWLA 模拟结果以减产趋

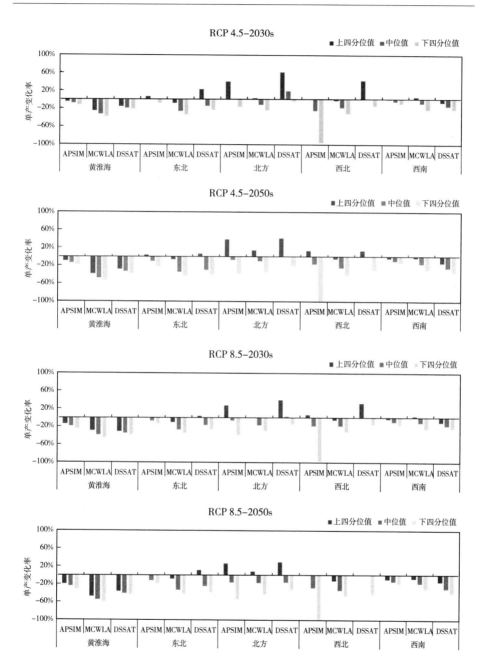

图 9-1 三种作物模型模拟未来气候变化对主产区玉米单产影响比较
（相对于基准年的单产变化）

势为主，APSIM 与 DSSAT 模拟结果分布更为接近。

对于西北灌溉春玉米区，三个模型模拟的玉米产量呈现出一定差异性，其中 MCWLA 模拟结果绝大部分网格点减产趋势明显，APSIM 与 DSSAT 模拟结果分布规律接近，在部分网格点有一定的增产趋势，大部分网格点呈现减产趋势。

对于西南春玉米区，三个模型的玉米产量模拟结果均呈现减产趋势，其中 DSSAT 模拟结果绝大部分网格点减产幅度较大，APSIM 减产幅度较小，MC-WLA 减产幅度介于两者之间。

二、适应性措施对未来玉米单产影响的多模型评估

（一）未来播期调整对玉米产量影响的多模型评估

1. 未来播期提前对玉米产量影响的多模型评估

从图 9-2 可以看出，在 RCP4.5 与 RCP8.5 情景未来 2030s 和 2050s 时段，若相对于历史播期提前 5 天播种，对于黄淮海夏玉米区，三个模型模拟玉米产量呈现出一定差异性，其中 DSSAT 模拟结果绝大部分格点减产趋势明显，MCWLA 模拟结果绝大部分格点增产趋势明显，APSIM 在大部分网格点有一定的增产趋势，小部分网格点呈现减产趋势。

对于东北春玉米区，三个模型模拟玉米产量也呈现出一定差异性，其中 MCWLA 模拟结果绝大部分网格点增产趋势明显，APSIM 与 DSSAT 模拟结果分布相似，在大部分网格点有一定的增产趋势，小部分网格点呈现减产趋势。

对于北方春玉米区，三个模型模拟玉米产量也呈现出一定差异性，其中 APSIM 模拟结果绝大部分网格点减产趋势明显，MCWLA 模拟结果绝大部分网格点增产趋势明显，DSSAT 模拟结果在大部分网格点有一定的增产趋势，小部分网格点呈现减产趋势。

对于西北春玉米区，MCWLA 模拟结果绝大部分网格点增产趋势明显，DSSAT 模拟结果在大部分网格点有一定的增产趋势，小部分网格点呈现减产趋势，APSIM 模拟结果在 RCP4.5 情景下减产趋势明显，在 RCP8.5 情景下增产趋势显著。

对于西南春玉米区，MCWLA 模拟结果绝大部分网格点增产趋势明显，APSIM 与 DSSAT 模拟结果分布相似，在部分网格点有一定的增产趋势，部分网格点呈现减产趋势。

2. 未来播期延后对玉米产量影响的多模型评估

从图 9-3 可以看出，在 RCP4.5 与 RCP8.5 情景未来 2030s 和 2050s 时段，若相对于当前常规播期延后 5 天播种，对于黄淮海夏玉米区，三个模型模

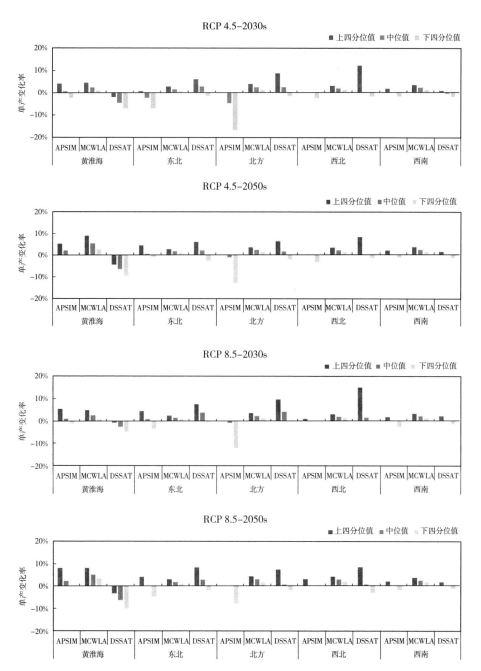

图 9-2 三种作物模型模拟未来播期提前 5 天对玉米单产影响结果比较

（相对于未来正常播期）

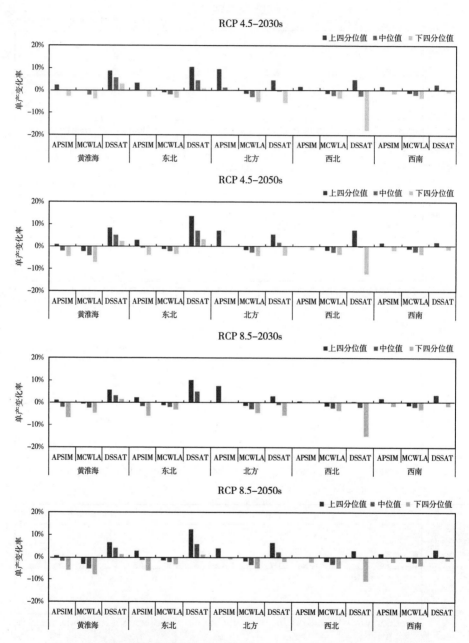

图 9-3　三种作物模型模拟未来播期延后 5 天对玉米单产影响结果比较
（相对于未来正常播期）

拟玉米产量呈现出一定差异性，其中 DSSAT 模拟结果绝大部分网格点增产趋势明显，MCWLA 模拟结果绝大部分网格点减产趋势明显，APSIM 在部分大网格点有一定的减产趋势，小部分网格点呈现增产趋势。

对于东北春玉米区，三个模型模拟玉米产量分布与黄淮海地区类似，其中 DSSAT 模拟结果绝大部分网格点增产趋势明显，MCWLA 模拟结果绝大部分网格点减产趋势明显，APSIM 在大部分网格点有一定的减产趋势，小部分网格点呈现增产趋势；对于北方地区，MCWLA 模拟结果绝大部分网格点减产趋势明显，APSIM 与 DSSAT 模拟结果分布相似，在大部分网格点有一定的增产趋势，小部分网格点呈现减产趋势。

对于西北春玉米区，MCWLA 模拟结果绝大部分网格点减产趋势明显，DSSAT 模拟结果在大部分网格点有一定的减产趋势，小部分网格点呈现增产趋势，APSIM 模拟结果在 2030s 有一定增产趋势，在 2050s 减产趋势明显。

对于西南春玉米区，MCWLA 模拟结果绝大部分网格点减产趋势明显，APSIM 与 DSSAT 模拟结果分布相似，在部分网格点有一定的增产趋势，部分网格点呈现减产趋势。

（二）未来调整品种对玉米产量影响的多模型评估

由于三个模型的参数结构和组成不同，本研究针对品种适应设定了两类未来育种方向，适宜熟型与灌浆速率提升类型，分别进行模拟，以对比模拟结果、辨识品种适应的策略对玉米产量的贡献。

1. 未来选育适宜熟型品种对玉米产量影响的多模型评估

从图 9-4 可以看出，在 RCP4.5 与 RCP8.5 情景 2030s 和 2050s 时段，若选育适宜熟型品种，最大化利用未来热量资源，对于黄淮海夏玉米区，两个模型模拟玉米产量呈现出一定差异性，其中 MCWLA 模拟结果大部分网格点增产趋势明显，APSIM 在大部分网格点有一定的减产趋势，小部分网格点呈现增产趋势。

对于东北春玉米区，APSIM 模拟结果绝大部分网格点减产趋势明显，MCWLA 在大部分网格点有一定的减产趋势，小部分网格点呈现增产趋势。对于北方春玉米区，APSIM 模拟结果绝大部分网格点增产趋势明显，MCW-LA 在部分网格点有一定的增产趋势，部分网格点呈现减产趋势。对于西北春玉米区，APSIM 模拟结果绝大部分网格点增产趋势明显，MCWLA 在绝大部分网格点减产趋势显著。对于西南春玉米区，APSIM 模拟结果绝大部分网格点增产趋势明显，MCWLA 在大部分网格点有一定的减产趋势，小部分网格点呈现增产趋势。

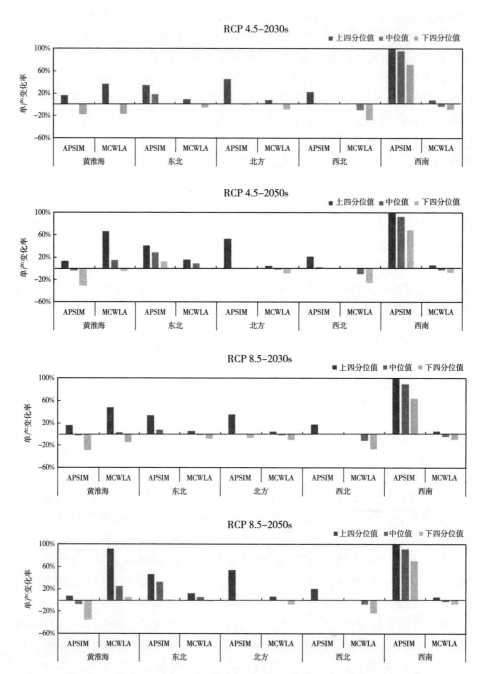

图 9-4 不同模型模拟未来选育适宜熟型品种对玉米单产影响结果比较
（相对于未来正常播期）

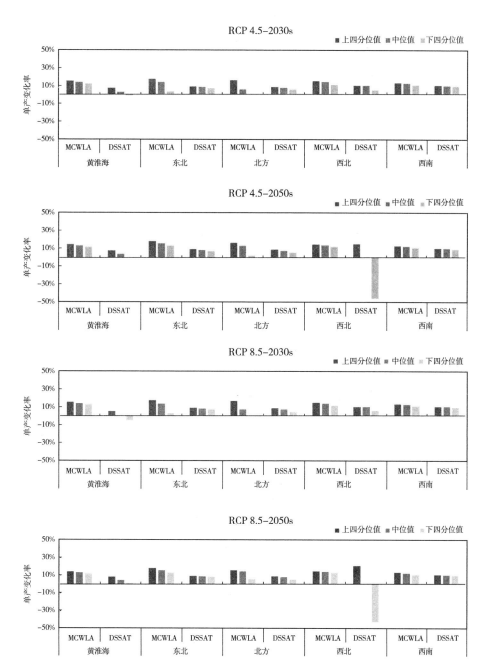

图 9-5　不同作物模型模拟未来选用高灌浆速率品种对玉米单产影响结果比较

（相对于未来常规品种）

2. 未来选育高灌浆速率品种对玉米产量影响的多模型评估

对于提升品种灌浆速率的育种方向，本研究选用了 MCWLA、DSSAT 分别进行交叉模型，然后对比分析模拟结果，辨识品种调整对玉米生产的影响。从图 9-5 可以看出，在 2030、2050s，RCP4.5 与 RCP8.5 情景下，若选育高灌浆速率品种，MCWLA 模拟结果在所有区域均呈现出显著的增产趋势，DSSAT 在绝大部分区域也呈现较为显著的增产趋势（除了西北地区与黄淮海地区）；从增产幅度来看，MCWLA 模拟结果也显著高于 DS-SAT 模型。

三、未来气候变化对区域及全国尺度玉米总产量的影响

本书评估了一些可能的应对措施对未来气候情景下玉米产量减损的效果，这些应对措施包括①品种调整；②适应未来生产方式的机械粒收品种；③管理措施调整（播期调整、充足灌溉）3 个方面。由于未来气候变化情景下，升温和可利用的热量普遍增加为最显著的特征，特别是在花后可利用的热量资源显著增加，因此本研究设计了适应未来气候变化的几个品种方向，包括①能充分利用未来热量资源的长生育期品种；②花后热量利用能力提升 10% 的品种；③灌浆速率提高 10% 的品种（因为未来气温升高导致生育期缩短，因此需要在尽可能短的时期内提高灌浆速率从而降低减产风险）。

不同应对措施对未来主产区区域尺度玉米单产产量减损的效果总结于表 9-1，总体来看，各种措施在不同玉米生态区的效果不尽相同，针对性的措施能在一定程度上抵消部分气候变化对玉米产量的负面影响，以 RCP4.5-2030s 为例，五大主产区玉米单产与不采取适应性措施相比未来单产平均减损 6.4%~17.7%；但未来增产形势不乐观，未来亟待挖掘和开发其他更有效的应对措施及集成技术，保证玉米生产及国家粮食安全。

表 9-1 主要适应性措施对主产区玉米未来单产减损作用评估（产量相对变化率）

单位：%

序号	适应性措施	RCP4.5 情景		RCP8.5 情景	
		2030s	2050s	2030s	2050s
0	无措施	-12.3 (-21.5~1.9)	-18.6 (-31.0~-5.8)	-16.4 (-30.7~-7.1)	-25.1 (-40.7~-17.1)
1	播期提前5天 (3模型综合)	-3.0 (-12.6~0.7)	-4.0 (-17.0~-1.4)	-2.5 (-13.3~-2.0)	-4.6 (-19.8~-1.4)

（续）

序号	适应性措施	RCP4.5 情景		RCP8.5 情景	
		2030s	2050s	2030s	2050s
2	播期延后 5 天 （3 模型综合）	0.3 （-0.7～-2.5）	0.6 （-0.3～-2.4）	-0.2 （-1.6～1.1）	0.5 （-1.0～-2.1）
3	机械粒收品种 （APSIM & MCWLA）	6.9 （-4.0～-29.3）	8.8 （-3.2～28.8）	5.7 （-4.2～27.3）	9.6 （2.9～-28.7）
4	灌浆速率提升 10%	7.7 （2.8～-9.8）	6.1 （0～-9.8）	6.9 （-0.3～-10.0）	6.2 （0～9.8）
5	花后积温需求增 10% （MCWLA 模型）	8.3 （1.7～13.4）	9.8 （0～15.3）	7.4 （3.1～12.2）	9.9 （2.4～15.2）
6	充足灌溉 （CERES & MCWLA）	7.6 （6.8～30.9）	7.4 （5.7～29.9）	6.8 （5.5～42.5）	6.9 （5.6～42.4）
		西南和北方高（>10%），其他区低（<10%）			

注：①序号为 0 的无措施数字均为与未来相应年份单产与基准年（1986—2015 年）相比的增减幅度（%），为区域尺度上单产中值的范围；

②序号为 1-6 行各措施数字均为未来相应年份玉米单产与当年无适应性措施相比的增减幅度（%）；

③括弧中数字为东北春玉米区、黄淮海夏玉米区、西北灌溉玉米区、西南山地玉米区区域尺度增幅范围。

　　我们大致估算了未来代表性气候变化情景下玉米总产量的变化（图 9-6），结果显示，在 2030s 和 2050s 时段，主要应对措施对五大主产区玉米总产减损有一定作用（全国尺度总产减损 6~8 个百分点），若假定未来玉米种植面积和种植区不变，未来玉米总产相比基准年仍呈减产趋势（RCP4.5 - 2030s 减产 18%，RCP8.5 - 2050s 减产 21%）。若考虑未来因气温升高新增加的可种植区

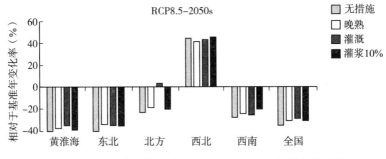

图 9-6　主要应对措施对 RCP8.5 - 2050s 玉米总产的贡献

注：CERES 模型估算结果不考虑新增的种植区。

面积（约占现有玉米种植面积的 16％），且新增区域种植玉米的比例仍然按照当前玉米种植面积比例进行种植，未来玉米总产减产可因新增加的可种植玉米区的面积效应基本抵消，但产量额外增加的目标仍然艰巨。这是由于新增的可种植区产量不稳定，还存在多种不确定风险，未来玉米稳产高产仍需开发更多的应对技术，以保证玉米生产及国家粮食安全。

四、结论与建议

未来气候变化情景下（RCP4.5 和 RCP8.5），升温是最主要的气候特征，升温会显著缩短现有玉米品种的生育期，若不采取应对措施，玉米主产区大部分地区单产在 RCP4.5‐2030s 及 RCP8.5‐2050s 时段分别减产－21.5％～1.9％和－40.7％～－17.1％，RCP8.5 情景下 2050s 各玉米产区减产风险较大（－41％～－17％）。

不同适应性措施能在一定程度上抵消气候变化对玉米单产的负面影响，RCP4.5‐2030s 及 RCP8.5‐2050s 两个时段，单个不同适应性措施分别可使不同区域单产最高减损 59.8％～60.7％，不同措施在各个区域的产量减损效果不尽相同，范围为－61％～－20％；不同适应性措施对区域尺度玉米单产减损的作用大致为：适宜熟型（－4.0％～50％）＞充足灌溉（5％－40％）＞花后积温需求增加的品种（0％～15.2％）＞灌浆速率提升 10％ 的品种（－0.3％～10％）＞播期调整（－13.3％～2.0％）。未来气候变化情景下，虽然一些地区的降水量可能增加，但由于升温引起的蒸散更高，导致玉米生育期内干旱增加，因此充足灌溉对于玉米生长具有较为显著的产量减损作用。

主要应对措施对五大主产区玉米总产减损有一定作用，全国尺度总产减损6～8 个百分点，若假定未来玉米种植面积和种植区不变，未来玉米总产相比基准年仍呈减产趋势，RCP4.5‐2030s 和 RCP8.5‐2050s 将分别减产 18％ 和21％。若考虑未来因气温升高新增加的可种植区面积及适应措施，未来玉米总产减产趋势可因新增加的可种植玉米区的面积效应基本抵消，但产量额外增加的任务仍然艰巨。这是由于新增的可种植区产量不稳定，还存在多种不确定风险，未来玉米稳产高产仍需开发更多的应对技术，以保证玉米生产及国家粮食安全。

第三篇
未来布局及建议

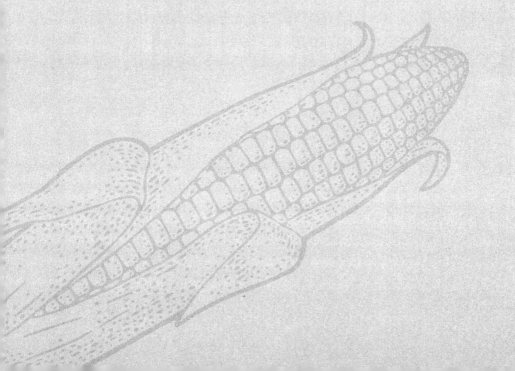

第十章 中国玉米生态区未来气候变化下品种布局需求

在全球变暖的大背景下，气候变化将直接关系到全球及区域水平的粮食安全。影响玉米生长发育的光、温、水、气等因子未来将继续发生变化，这些变化将会对玉米的生育期、产量以及种植制度如品种布局等带来综合影响。

未来气温升高将会使玉米出苗期提前及现有熟型品种的生育期缩短，而升温引起的活动积温增加也将导致大部分地区的玉米熟型及生育期热量利用能力的调整，高纬度地区的玉米可种植线北移扩大的新种植区还可能存在低温风险。此外，温度升高也会导致高温、干旱等胁迫事件的频繁发生，从而造成作物减产。玉米对温度较为敏感，在关键生育期（如开花吐丝期）的高温热胁迫会对产量造成严重威胁（Alam 等，2013；Ramirez - Villegas 等，2013）。此外，升温导致的蒸发量增加及气候变化造成降水分布不均匀，阶段性干旱及集中暴雨引起的倒伏各种事件也将进一步增加多种灾害发生的概率，增加了作物生产过程中的风险。

目前，国内外学者对气候风险的分析评估方面，Kang 等人基于高分辨率区域气候变化投影，通过构建气候变化模型得出，黄淮海地区未来将经历最严重的高温干旱风险，并认为这种风险甚至会导致黄淮海地区未来不再适宜人类居住（Kang 等，2018）。Edmar 等模拟发现在 A1B 未来气候情景下受热胁迫变化的影响，2071—2100 年全球作物适生区面积均会发生变动，其中玉米和小麦的适宜种植面积变动会远大于水稻与大豆（Edmar 等，2013；宁晓菊等，2015）。徐建文等利用相对湿度指数评估了黄淮海近 50 年干旱的时空变化及其对气候变化的响应，发现在近 20 年干旱有了加重的趋势，且干旱加重的趋势是一种突变现象（徐建文等，2014）。韩兰英等通过计算干旱受灾率、成灾率、绝收率和综合损失率，发现温度升高是造成中国西南地区近 60 年干旱灾害范围、程度、频次均呈增加趋势的主因（韩兰英等，2014）。

玉米遭遇气候风险的主要原因是气候条件发生变化导致玉米生长环境发生变化，因此需基于气候条件分析玉米生育期可能的气象风险。当前，大部分的研究都集中在对历史阶段方面的研究，针对未来气候变化情景，分析未来玉米生育期的各种气象风险，提出未来针对不同区域的玉米品种布局需求，对指导我国玉米生产布局及品种规划，保障国家粮食安全具有重要作用。

目前对于玉米品种生态适应性的研究，主要集中在筛选优良品种和分析现有品种的生态环境适宜性两个方面，主要是从玉米品种本身出发，对比分析国内外各玉米品种的优势和不足，筛选和引进优良品种，或者通过研究转基因技术等实现玉米增产和稳产（胡祎然等，2017）。而着眼于气候生态角度，以应对气候变化的作物品种特征需求方面的针对性分析和研究还很少。

本书基于中国未来气候变化情景下的气候资源特征及玉米作物的生长特性，通过分析光、热、水等气候生态因子对玉米产量的影响程度，筛选关键影响因子，根据关键影响因子的时空差异进行玉米的气候生态区划，并以此组建玉米产量与气象因子的关系模型对中国玉米种植区进行精细化划分。本章在之前种植区分区的基础上（附图1-1），综合考虑气候要素和行政边界（县级尺度）将玉米主产区划分为五大区和40个亚区，详细分析未来40个亚区的主要气候资源变化特征，构建高温、干旱、低温风险模型，评估中国主要玉米生产区未来可能面临的气象风险，综合分析未来气候变化的趋势，提出未来主要亚区的气候风险及适应气候变化的品种需求，为我国未来玉米生产及品种布局适应气候变化提供科学支撑。

与现有的生态区划及风险模型相比，本章的分析评估以未来日值数据为基础综合考虑气温、降水、经纬度等要素，不仅计算主要气象风险的积害量和遭遇风险的日数，同时还引入其他相关要素进行综合分析，例如将相对湿度指标引入高温风险模型中，对生育期内气象风险等级的评估更为科学。此外，本章对未来玉米生育期气象风险的分析，还同步考虑不同玉米熟期的差异，结合当前品种特征，综合考虑了气候平均态的变化及极端气候事件的风险，对未来玉米生态适应性及品种适应气候变化的规划布局有直接指导作用。

一、玉米种植分区及风险评估方法

（一）玉米种植区及生育期划分方法

1. 气象数据来源

本章对玉米种植区及气象风险评估所用气象数据源包括历史气象数据和未来预测数据，当前实测气候数据包括近10年气候数据（2004—2013年），源于中国气象局国家级气象站点地面气候资料日值数据集；未来预测数据包括1986—2005年的基准数据以及在排放路径为RCP4.54.5和RCP8.5情景下2021—2060年的未来气象日值数据集，该数据由区域气候模拟系统PRECIS嵌套全球气候模式HadGEM2-ES模拟结果进行高分辨率动力降尺度产生并进行了订正（详见本书第三章）。为了在计算未来玉米生育期的变化天数时消除非耕地等其他因素的影响，从中国土地利用现状遥感监测数据库获取了2015年全国耕地数据，该数据由 MODIS 和 Landsat - TM 卫星遥感影像解译形成，分辨率为1KM。生育期数据源于气象局提供的1996—2013年农作物生长发育和农田土壤湿度旬值数据集，获取我国主要玉米产区内的生育期数据，同时参考刘哲等对农业气象站点生育期数据的填补结果（刘哲等，2019）。

2. 生育期提取方法

以1月1日作为基础日期，计算每个农业气象站点玉米生长过程中五个主要生育时期（出苗、拔节、抽雄、乳熟和成熟）相对于基础日期的天数，历史种植环境区划以及品种需求分析研究都是基于实测生育期数据开展的，未来玉米生育期的具体日期是通过计算每个生育时期的年平均天数而获得。

3. 玉米种植区精细区划方法

本章所用玉米种植环境区划方法为空间属性一体化聚类法，主要包括以下几步：①使用R^2与半偏R^2统计量确定玉米种植环境聚类个数；②利用 K - means 聚类方法，对玉米生育期（出苗期-成熟期）内多年环境指标栅格数据集进行聚类。为了聚类结果具有空间连续性，聚类过程中还考虑了聚类单元的空间位置信息；③利用空间连续性调整规则对聚类结果的空间连续性进行调整，得到研究区域的精细区划结果。

假定将 n 个样本分为 k 个类别，R^2 和半偏 R^2 的计算公式如下：

$$R_K^2 = 1 - \frac{\sum_{t=1}^{k} W_t}{T}$$

$$\text{Semi} - R_K^2 = R_{K+1}^2 - R_K^2$$

其中，W_t 是类别 t 中的离差平方和，T 为 n 个样本的总体离差平方和。R^2 表示类间离差平方和占总离差平方和的比例，会随着聚类个数的增加而增加，半偏 R^2 统计量表示增加一个新的类后减少的类间离差平方和。聚类的目标是类间差异小，且类内差异大，所以我们认为当 R^2 和半偏 R^2 统计量都比较大时，分类数目最合理。具体流程如图10-1所示。

通过获取的国家气象中心提供的中国地面气候资料日值数据集，以及中国农作物生长发育和农田土壤湿度旬值数据集，估算得到我国主要玉米种植区内的气象日值数据以及玉米生育期数据，然后构建玉米生育期内的多年环境指标数据集，包括累积积温、累积降水量、累积日照时数、高程。为获取覆盖主要玉米种植区内的栅格数据，对气象站点的累积积温、累积降水量、累积日照时数进行克里金插值，并将上述所有指标因子处理为$10km \times 10km$格网大小相同的栅格，以便后续研究分析，各指标的计算方法如下：

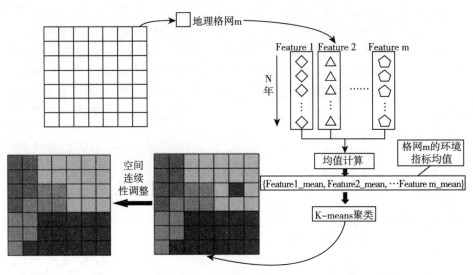

图 10-1   玉米种植生态亚区区划流程

累积积温是玉米从出苗到成熟期间≥10℃的日平均温度的累加值，计算公式如下：

$$accT = \sum\nolimits_{i=1}^{n} t_i$$

其中，$accT$ 为累积积温值，n 为玉米生育期天数，t_i 代表生育期内第 i 天大于等于 10℃ 的日平均温度。

累积降水量是玉米从出苗到成熟期间的日平均降水量的累加值，计算公式如下：

$$accR = \sum\nolimits_{i=1}^{n} p_i$$

其中，$accR$ 为累积降水量，p_i 代表生育期内第 i 天的日降水量。

累积日照时数是玉米从出苗到成熟期间的日照时数累加值，计算公式如下：

$$accS = \sum\nolimits_{i=1}^{n} s_i$$

其中，$accS$ 为累积日照时数，s_i 代表生育期内第 i 天的日照时数。

（二）玉米熟期划分

在作物生长发育中，活动积温是表达作物熟期的重要热量指标。目前大量研究表明，玉米的活动积温与生育期之间呈现极显著正相关关系，积温分类法在玉米熟期分类中比较准确。因此，本书基于玉米生育期和气象数据，计算生育期内日平均温≥10℃的总和进而得到年活动积温，然后通过 ARCGIS 普通克里格空间插值分析，得到主要玉米生产区≥10℃活动积温分布情况。对于各生态亚区适宜的品种熟期的划分，由于某一玉米品种生育期内所需要的活动积温基本稳定，生长在温度较高条件下生育期会适当缩短，在较低温度下生育期会适当延长；并且不同玉米种植区划分熟期类型的标准不一致，本书参考《玉米田间宝典丛书》中不同种植区的玉米品种熟期类型划分依据，对西北灌溉玉米区、北方春播玉米区的熟期进行划分，其余种植区依据该区域的活动积温平均值及一倍标准差确定熟期（表10-1），分析各生态亚区适宜的熟期类型。

表 10-1　各种植区玉米熟期划分标准

玉米种植区	熟期类型	全株叶片数（片）	≥10℃活动积温（℃）	代表性品种
西北灌溉玉米区	极早熟	≤17	≤2 200	新玉 10 号，和单 1 号，冀承单 3 号
	早熟	17~18	2 200~2 400	新玉 9 号，新玉 29，新玉 35
	中早熟	18~19	2 400~2 500	新玉 13，新玉 54，承单 19
	中熟	18~21	2 500~2 700	登海 3672，新玉 41，沈单 10 号
	中晚熟	20~23	2 700~3 000	SC704，郑单 958，先玉 335
	晚熟	23~25	≥3 000	东单 60，丹玉 39，登海 9 号
北方春播玉米区（除黑龙江地区）	早熟	14~16	≤2 400	冀承单 3 号，源玉 3，白山 7
	中早熟	15~18	2 400~2 550	吉单 27，哲单 37，长城 799
	中熟	17~20	2 550~2 700	哲单 39，辽单 565，迪卡 656
	中晚熟	19~22	2 700~2 900	郑单 958，先玉 335，浚单 20
	晚熟	21~25	≥2 900	丹玉 39，北育 288，丹玉 402
东华北春播玉米区	早熟	/	≤2 544	/
	中熟	/	2 544~2 814	/
	晚熟	/	≥2 814	/
黄淮海夏播玉米区	早熟	14~19	≤2 328	唐抗 5 号，高优 1 号（新黄单 851）
	中熟	18~22	2 328~2 534	郑单 958，浚单 20，先玉 335
	晚熟	20~25	≥2 534	登海 662，郑单 958，农大 108
西南山地玉米区	早熟	14~17	≤2 020	/
	中熟	17~20	2 020~2 980	/
	晚熟	21~25	≥2 980	/

（三）玉米高温风险评估模型构建

7月下旬到8月上旬，是一年中平均气温最高的时间段，常出现日最高温高于34℃的极端高温天气，由于该时段是玉米生长发育过程中的高温敏感期，该时段的高温灾害常常对玉米的产量造成严重损害。夏玉米种植实践表明，如果夏玉米处在抽雄吐丝期，当日温度大于某一阈值时，高温灾害会严重影响玉米的品质和产量，且当高温持续的天数越长，高温积害量越高，高温热害越严重；在具有相同的高温积害量时，之前持续的高温天数越长，高温影响越大（李德等，2015；张倩等，2010）；同时，相对空气湿度对高温热害也具有加强作用，而这种影响在玉米花期时表现得更加明显（花期一般是指抽雄后10天内）。根据相关参考文献，玉米在开花授粉时最适宜的相对空气湿度为70%～90%，相对空气湿度在60%以下植株很少开花授粉，相对湿度大于90%时，玉米受到高温的影响将会减小（Duvick，2005）。据此，本研究假设空气中的相对湿度对玉米高温的影响呈线性关系，由于玉米花粉最适宜的相对空气湿度为70%～90%，选择中间值80%作为玉米花粉最适宜的阈值，并将其权重确定为1，具体公式如下：

$$RMd = 5 - \frac{1}{20}Rd$$

其中，RMd 是第 d 天的相对空气湿度影响权重，Rd 是第 d 天的相对空气湿度。

因此，本书采用高温持续天数、相对湿度影响权重以及高温积害量的乘积构建了高温风险指数，用以表征玉米生育期高温风险的严重程度。高温风险指数越大，发生高温灾害的可能性越大；同时，高温风险指数参考区域风险均值与标准差进行等级划分，主要计算公式和划分标准如下所示：

$$ds = \sum\nolimits_{start\ day}^{end\ day}(RMd \times HTDd \times Sd)$$

$$HTDd = \begin{cases} HTDd - 1 + 1, & HTd \geqslant HI \\ 1, & 其他 \end{cases}$$

$$Sd = \begin{cases} HTd - HI, & HTd \geqslant HI \\ 0, & 其他 \end{cases}$$

其中，ds 是玉米高温敏感期内的高温风险指数；d 为日期；$HTDd$ 是判断第 d 天是否高温；Sd 是第 d 天的高温积害量；RMd 是第 d 天的相对湿度影响权重。$HTDd$ 为到第 d 天的持续高温天数；HTd 是第 d 天的最高温；HI 是高温阈值，这里取 34℃。

本章参考历史生育期中玉米花期（抽雄至乳熟阶段）计算花期的高温风险

指数，并对其进行分等定级。在该研究时期内，某一高温等级出现的频率最高，则认为未来可能遇到的高温风险为该等级。若是出现同一频率的高温等级有多个，为达到预防未来玉米遭受高温风险的目的，把其中最高等级作为该年的高温风险等级。具体流程如图 10-2。其中，高温风险等级的划分，参考研究区均值 $\overline{X}$ 与标准差 s 的划分标准，具体划分标准如表 10-2。

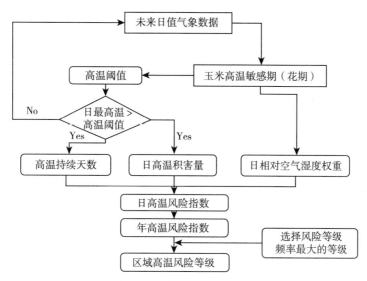

图 10-2　高温风险评估流程

表 10-2　高温等级划分标准

阈值范围	高温等级
<0	无风险
$0\sim\overline{X}-s$	低风险
$\overline{X}-s\sim\overline{X}$	中风险
$X\sim\overline{X}+s$	中高风险
$>\overline{X}+s$	高风险

（四）玉米低温风险评估模型构建方法

玉米出苗前期往往容易遭受早春时期低温冷害的影响，对玉米顺利出苗造成威胁。本章利用低温持续天数和低温积害量构建低温风险指数，用以表征低温风险的严重程度。其中，低温风险指数越大，发生低温灾害的可能性越大；同时，低温风险指数参考区域风险均值与标准差进行等级划分，主要计算公式和划分标准如下所示：

$$ds = \sum_{start\,day}^{end\,day}(HTDd \times Sd)$$

$$HTDd = \begin{cases} HTDd-1+1, & HTd \geqslant HI \\ 2, & \text{其他} \end{cases}$$

$$Sd = \begin{cases} HTd-HI, & HTd \geqslant HI \\ 0, & \text{其他} \end{cases}$$

其中，ds 是玉米低温敏感期内的低温风险指数；d 为日期；Sd 是第 d 天的低温积害量；$HTDd$ 为到第 d 天的持续低温天数。HTd 是第 d 天的日最低温，HI 是低温阈值，这里取 10℃。

本章参考各种植区历史生育期中玉米的出苗期，计算低温风险指数，并对其进行分等定级。在该研究时期内，某一低温等级出现的频率最高，则认为未来可能遇到的低温风险为该等级。若是同一频率的低温等级有多个，为达到预防未来玉米遭受低温风险的目的，把其中最高等级作为该年的低温风险等级。其中，低温风险等级的划分，参考研究区低温风险均值（$\overline{X}$）与标准差（s）的划分标准，具体划分标准类似于表 10 - 2。

（五）玉米干旱风险评估方法构建

干旱是影响玉米品质与产量的另一个常见的农业气象灾害，因此，建立干旱指标全面掌握干旱情况和预测未来干旱情况具有重要意义。降水距平百分率（Pa）是反映某一时段降水与同期平均状态的偏离程度，用于表征区域干旱严重程度，对农业气象干旱具有评价快速、模型简单和评价结果与实际干旱情况较符合的优势。本书基于日降水数据，参考生育期数据，以降水距平百分率构建干旱指标得到每年的干旱等级，再根据多年干旱等级出现的最大频率确定该区域的干旱级别。如果多个干旱等级出现概率相同，则取最严重等级作为当年的干旱级别。在计算历史阶段的干旱风险时，一般通过计算每一天的降水距平指数来反映，而在未来情景下，考虑到各种不确定性以及数据误差，选择用年降水距平指数代表未来干旱程度。干旱等级的划分同样参考均值（$\overline{X}$）与标准差（s）进行划分（表 10 - 3），主要计算公式和划分标准如下：

$$P_a = \frac{P - \overline{P}}{\overline{P}} \times 100\%$$

$$\overline{P} = \frac{1}{n}\sum_{i=1}^{n} P_i$$

其中，P_a 为降水距平百分率，P 为某时段降水量，$\overline{P}$ 为多年平均同期降水量，P_i 为时段 i 的降水量，n 为天数。

表 10-3 干旱等级划分标准

阈值范围	干旱等级
$<\overline{X}$	无风险
$\overline{X}\sim 0$	低风险
$0\sim\overline{X}-s$	中风险
$X-s\sim\overline{X}-2s$	中高风险
$>\overline{X}-2s$	高风险

二、当前玉米种植区气象风险及品种特征分析

(一)活动积温与品种熟期分析

基于玉米生育期和历史气象数据,计算我国主要玉米种植区全生育期内活动温度(日平均温度≥10℃)的总和。参考不同种植区的玉米品种熟期类型划分依据对主要玉米种植区的熟期(表10-1)进行划分,得到不同种植区内品种熟期需求情况,见表10-4。需要指明的是,在不同种植区同一熟期类型对应的活动积温不一致。通过表10-4分析可知,我国对玉米品种熟期的需求基本呈现北早南晚(东华北春播玉米区、北方春玉米区以及西北春玉米区早熟品种占比较高),西早东晚的格局(黄淮海夏玉米区晚熟品种占比高)。

表 10-4 主要玉米生态区当前品种熟期类型分布

玉米种植区	熟期类型	各熟期占本区面积比例(%)
东华北春玉米区	早熟	29.4
	中熟	48.8
	晚熟	21.8
北方春玉米区	早熟	52.9
	中熟	31.5
	晚熟	15.7
西北春玉米区	早熟	57.2
	中熟	14.9
	晚熟	27.9

（续）

玉米种植区	熟期类型	各熟期占本区面积比例（%）
黄淮海夏玉米区	早熟	2.0
	中熟	2.3
	晚熟	95.8
西南玉米区	早熟	32.1
	中熟	65.9
	晚熟	2.1

（二）玉米生产高温风险区域特征

高温风险指标构建的描述，基于玉米生育期和历史气象数据，根据作物生理特性确定高温阈值，构建玉米气象高温风险评估模型。以气象日值数据为基础数据，基于区域生育期计算高温指标（高温积害量、高温时长和空气湿度），构建高温风险评估模型；确定高温风险等级，统计高温发生频次，分析得到不同高温风险等级在玉米种植区的占比情况。可以发现在玉米花期阶段，高温风险主要集中在黄淮海夏玉米区，该种植区内大部分区域为高温中风险地区，所占比例为41.18%，符合实际情况。同时东华北春玉米区内蒙古通辽市附近，西北春玉米区新疆东部出现了中高风险甚至高风险区域，在实际种植生产过程中应引起注意，并采取相应的措施。

（三）玉米生产低温风险区域特征

参照低温风险指标构建的描述，基于玉米生育期和历史气象数据，构建玉米低温风险评估模型。以气象日值数据为基础数据，基于区域内生育期数据计算低温指标（低温积害量和低温时长），构建低温风险评估模型；确定低温风险等级，统计低温发生频次，分析得到主要玉米生态区内低温风险分布情况（表10-5）。

可以发现，低温风险主要集中于东华北春玉米区、北方春玉米区、西北春玉米区以及西南玉米区。其中，东华北春玉米区主要为低温中风险等级，占整个区域的48.1%；北方春玉米区内超一半的区域都是低温中风险地区，同时还有占总体面积31.8%的中高风险地区，主要位于黑龙江和内蒙古的北部；西北春玉米区的大部分区域都处于低温中风险及以上风险等级；西南玉米区的低温风险胁迫总体较弱，但在西北部的高海拔区域，占该玉米区总面积17.95%的地区出现了低温高风险。

表 10-5　主要玉米生态区当前风险分布情况

单位：%

玉米种植区	等级	高温风险	低温风险	干旱风险
东华北春玉米区	无风险	44.0	37.9	24.2
	低风险	24.6	10.6	21.5
	中风险	17.8	48.1	50.2
	中高风险	8.9	10.0	4.1
	高风险	4.8	3.4	0.0
北方春玉米区	无风险	75.9	1.4	22.0
	低风险	12.5	0.0	25.3
	中风险	4.2	57.3	30.1
	中高风险	2.5	31.8	9.8
	高风险	4.8	9.5	12.8
西北春玉米区	无风险	54.5	22.5	30.0
	低风险	16.8	3.3	16.4
	中风险	13.9	31.7	23.3
	中高风险	7.2	13.1	28.2
	高风险	7.8	29.5	2.1
黄淮海夏玉米区	无风险	12.8	100.0	81.4
	低风险	46.1	0.0	18.6
	中风险	41.2	0.0	0.0
	中高风险	0.0	0.0	0.0
	高风险	0.0	0.0	0.0
西南玉米区	无风险	61.4	60.3	88.3
	低风险	20.5	3.9	6.4
	中风险	17.0	14.9	4.5
	中高风险	1.1	3.0	5.0
	高风险	0	17.95	0.80

注：表中数据为各风险等级占本区面积比例。

(四) 玉米生产干旱风险区域特征

参照干旱指标构建的描述，我们基于历史气象数据，根据区域内生育期数据计算降水量的降水距平百分率，确定区域干旱分级，统计干旱频次，分析得到干旱风险分布情况（表10-5）。

由表中不同生态区内的干旱风险等级占比情况可知，我国北方的大部分地区都具有一定程度的干旱风险，主要集中于东华北春玉米区、北方春玉米区以及西北春玉米区。东华北春玉米区内主要是中风险等级的干旱；而北方春玉米区和西北春玉米区出现了中高风险和高风险等级的干旱，尤其是北方春玉米区内，有12.8%的地区是高风险区域，位于内蒙古西部的阿拉善和额济纳旗地区。

(五) 玉米种植分区及主产区当前玉米生产品种特征及熟型需求

综合以上的活动积温、高温、低温和干旱风险分布情况，本章将五大玉米产区共分为40个亚区，进一步分析得到当前各个玉米生态亚区对品种特征的需求（表10-6，其中将第一章传统分区中的北方春玉米区及东北春玉米区进行了合并，并且另外划分出了"东华北区"）。以北方春玉米区为例，该种植区被划分为7个亚区，第一个亚区（Ⅴ-1）位于黑龙江和内蒙古的北端，年活动积温量小（1 769~2 233℃），累积降水量也相对较少（215~339毫米），分析后得到该地适宜的品种为极早熟/早熟耐低温耐干旱的品种类型。5大种植区共有40个生态亚区，各生态亚区适宜的品种特征描述见表10-6。

表10-6　40个玉米生态亚区指标参数及当前品种布局需求

玉米种植区	生态亚区	活动积温（摄氏度）	累积降水量（毫米）	累积日照时数（小时）	适宜玉米品种	区域范围
东华北春玉米区	Ⅰ-1	2 483~2 838	230~369	817~1 204	中熟耐干旱	内蒙古东部、河北北部、辽宁西部
	Ⅰ-2	2 030~2 737	236~339	776~1 066	早熟/中熟较耐低温	河北西北部、山西西北部和中北部
	Ⅰ-3	2 459~2 890	247~390	920~1 123	中熟/晚熟耐干旱	吉林西北部、辽宁西北部
	Ⅰ-4	2 362~2 740	273~415	628~935	早熟/中熟品种	山西中部、河北东北部

（续）

玉米 种植区	生态 亚区	活动积温 （摄氏度）	累积降水量 （毫米）	累积日 照时数 （小时）	适宜玉 米品种	区域范围
东华北春玉米区	I-5	2 575～2 927	323～514	731～1 023	中熟/晚熟 耐干旱	辽宁中部
	I-6	2 373～2 648	299～392	509～823	早熟品种	北京东北部、天津北部、河北东北部
	I-7	2 618～2 849	479～641	718～959	中熟品种	辽宁东部
黄淮海夏玉米区	II-1	2 165～2 640	285～376	576～845	中熟较耐高温较耐低温	山西南部、北京南部
	II-2	2 282～2 578	309～390	473～720	中熟较耐高温	河南南部
	II-3	2 265～2 546	330～414	367～580	中熟较耐高温	河南北部和西北部、河北南部、山东西北部
	II-4	2 316～2 672	328～438	506～783	中熟较耐高温	陕西东南部、西南部
	II-5	1 939～2 414	374～502	489～683	早熟/中熟品种	山东西南—西北
	II-6	2 398～2 646	387～511	438～538	中熟/晚熟较耐高温	河南东南部、安徽西北部
	II-7	2 243～2 624	457～544	489～669	早熟/中熟较耐高温	山东东南部、江苏北部、安徽东北部
	II-8	2 510～2 799	401～513	497～685	中熟较耐高温	湖北西北部、河南西南部
西北春玉米区	III-1	2 334～3 109	26～96	1 234～1 487	中晚熟较耐高温较耐干旱	甘肃西北部、新疆东部
	III-2	2 111～2 897	26～157	1 032～1 387	中熟耐高温耐干旱	新疆东北部
	III-3	1 738～2 528	26～230	949～1 326	早熟耐干旱	甘肃西北部、新疆西北部
	III-4	1 736～2 349	23～112	850～1 086	极早熟品种	新疆西南部

（续）

玉米 种植区	生态 亚区	活动积温 （摄氏度）	累积降水量 （毫米）	累积日 照时数 （小时）	适宜玉 米品种	区域范围
西北春玉米区	Ⅲ-5	1 319~2 735	17~124	836~1 385	早熟/中早 熟耐干旱	新疆东南部
	Ⅲ-6	1 858~2 391	21~40	835~922	极早熟品种	新疆西南部
	Ⅲ-7	1 113~2 035	29~99	900~950	极早熟品种	新疆西部边界
	Ⅲ-8	1 998~2 952	122~239	970~1 300	中熟/中晚熟 较耐高温 较耐干旱	宁夏北部、甘肃 中部
	Ⅲ-9	2 043~2 674	194~381	634~1132	早熟/中早熟 较耐低温	宁夏南部、甘肃东 南部
	Ⅲ-10	1 271~2 363	183~390	688~1 103	极早熟/ 早熟耐低温	甘肃西南部
	Ⅲ-11	908~1 012	366~428	761~906	极早熟耐低温	甘肃西南角
西南玉米区	Ⅳ-1	678~1 649	353~426	626~876	早熟耐低温 较耐干旱	四川西北角
	Ⅳ-2	1 165~2 207	351~562	485~807	早熟耐低温 较耐干旱	四川西北高原
	Ⅳ-3	1 736~2 643	429~644	651~728	中熟耐低 温耐干旱	云南西北角、四川 盆地西部边缘
	Ⅳ-4	1 931~2 827	341~569	392~813	中熟耐干旱	云南东南部、湖北 西北角、四川盆地西 北部
	Ⅳ-5	2 199~3 015	510~648	498~707	中熟/晚熟耐 高温较耐干旱	四川东部、重庆 市、贵州北部、湖北 西南部、湖北西部
	Ⅳ-6	1 965~3 107	550~765	435~668	中熟/晚熟 较耐干旱	贵州南部、云南西 南部
	Ⅳ-7	2 218~3 135	495~630	655~934	中熟/晚熟 耐干旱	四川南端、云南 中部

（续）

玉米种植区	生态亚区	活动积温（摄氏度）	累积降水量（毫米）	累积日照时数（小时）	适宜玉米品种	区域范围
北方春玉米区	V-1	1 769~2 233	215~339	803~1 075	极早熟/早熟耐低温耐干旱	内蒙古北端、黑龙江北端
	V-2	2 017~2 672	290~451	792~1 072	中早熟较耐低温较耐干旱	黑龙江中部及南部
	V-3	2 076~2 924	118~278	1 015~1 286	早熟/中早熟耐低温耐干旱	内蒙古中部
	V-4	2 092~2 767	201~358	793~1 140	中晚熟耐低温较耐干旱	山西北部、陕西北部、河北北部、黑龙江西南角
	V-5	2 061~2 747	363~631	724~894	早熟较耐低温较耐干旱	吉林南部、东部
	V-6	2 239~3 040	32~151	1 147~1 440	晚熟耐高温	内蒙古西部
	V-7	1 844~2 725	267~439	528~932	中早熟品种	甘肃南部、陕西中部

三、玉米主产区未来气象风险及品种熟型需求

玉米的生长受众多气象因素的影响，未来各项影响因素具有复杂性和不确定性，且各个因素相互影响，并综合作用于玉米种植环境，所以无法简单直接的分析单个因素的影响结果。而未来环境特征的分析依赖于玉米的生育时期数据，直接的模型预测可能会导致精度不够等问题，因此在二氧化碳浓度以及两个时间段的基础上，假设生育期不变的情况下，即直接利用多年历史生育期的均值作为未来玉米种植的生育期，分析在当前玉米生育期不变的情况下玉米种植可能会遭遇的高温低温干旱等风险，最终形成各个生态区的玉米品种布局。

（一）玉米主产区未来活动积温与品种熟期分析

假设在生育期不发生改变的情景下，参考历史生育期数据，分析两种二氧化碳浓度下的玉米活动积温情况，并得到与之相关的玉米熟期变化情况（表 10-7）。

表 10-7 主要玉米生态区未来品种熟期类型需求

单位:%

玉米种植区	熟期类型	RCP4.5-2030s	RCP4.5-2050s	RCP8.5-2030s	RCP8.5-2050s
东华北春玉米区	早熟	2.39	0.34	1.37	0
	中熟	51.88	29.69	45.73	26.96
	晚熟	45.73	69.97	52.90	73.04
北方春玉米区	早熟	14.29	8.15	13.48	8.56
	中熟	62.87	54.72	61.34	47.86
	晚熟	22.84	37.13	25.18	43.58
西北春玉米区	早熟	38.18	35.08	37.69	32.36
	中熟	28.49	26.36	28.59	21.41
	晚熟	33.33	38.57	33.72	46.22
黄淮海夏玉米区	早熟	10.13	5.23	7.52	3.59
	中熟	89.87	92.48	92.48	76.47
	晚熟	0	2.29	0	19.93
西南玉米区	早熟	29.33	26.28	30.29	25.32
	中熟	39.10	34.29	39.58	31.09
	晚熟	31.57	39.42	30.13	43.59

注:表中数据为各熟期占本区面积比例。

由表 10-7 可知,在两种二氧化碳浓度下,相同时期内的熟期整体变化趋势不大,但是随着时间的变化,熟期均呈现往更晚熟的玉米品种变化趋势,以黄淮海夏玉米生态区为例,在 RCP4.5-2030s 情景下,研究区大部分地区适宜种植中熟玉米品种,少数地区如安徽省北部适合种植晚熟品种;RCP4.5-2050s 情景下,黄淮海中部地区适宜种植晚熟品种,而东西部地区适合中熟品种;在 RCP8.5-2030s 情景下,安徽省、河南省以及湖北省的适宜品种由中熟品种转变为晚熟品种,在 RCP8.5-2050s 情景下,晚熟品种占据了整个黄淮海中部地区,只有少部分的东西部地区为中熟品种。

(二)玉米主产区未来高温风险分析

生育期不发生改变的情景假设下,在两种二氧化碳浓度下,参考历史生育期数据,构建高温评价模型,分析高温风险分布情况。根据作物机理选择高温阈值,构建玉米气象高温风险评估模型。以未来气象日值数据为基础数据,基于区域生育期计算高温指标(高温积害量、高温时长和空气湿度),构建高温风险评估模型;确定高温风险等级,统计高温发生频次,分析高温风险分布情况。

由表 10-8 可知,未来高温风险主要分布在黄淮海夏玉米区、西北春玉米区以及西南玉米区。以黄淮海夏玉米区为例，未来RCP4.5情景下出现中等高温风险的面积占比最大，2030s、2050s两个时间段下占比分别达到了41.9%和35.7%；而在RCP8.5情景下黄淮海夏玉米区的高温风险逐渐转换为高风险，且分别占生态区总面积的64.0%和75.9%。在空间上，RCP4.5情景下高温风险主要分布在黄淮海的中东部地区，而RCP8.5情境下高温风险在黄淮海地区较为分散地分布于黄淮海中部地区。

表10-8　主要玉米生态区未来高温风险等级面积占比

单位:%

玉米种植区	风险等级	RCP4.5-2030s	RCP4.5-2050s	RCP8.5-2030s	RCP8.5-2050s
东华北春玉米区	无风险	62.8	41.0	39.9	33.5
	低风险	27.7	14.7	24.9	26.6
	中风险	5.1	40.3	30.0	30.0
	中高风险	1.4	4.1	3.1	4.4
	高风险	3.1	0.0	2.1	5.5
北方春玉米区	无风险	64.0	42.0	38.2	64.9
	低风险	25.3	27.1	38.0	11.5
	中风险	5.9	13.6	11.5	9.2
	中高风险	1.9	7.9	6.3	3.8
	高风险	2.9	9.4	6.1	10.6
西北春玉米区	无风险	55.2	47.5	52.6	40.8
	低风险	15.1	16.9	16.7	18.9
	中风险	14.8	11.8	16.0	11.5
	中高风险	9.9	11.2	10.3	6.7
	高风险	4.9	12.6	4.5	22.1
黄淮海夏玉米区	无风险	11.6	8.6	8.7	2.4
	低风险	11.9	7.4	9.9	1.8
	中风险	41.9	35.7	14.7	19.0
	中高风险	14.6	19.7	2.7	0.9
	高风险	20.1	28.6	64.0	75.9
西南玉米区	无风险	52.9	49.7	55.3	47.9
	低风险	13.1	9.9	16.4	10.3
	中风险	19.6	18.6	18.3	19.4
	中高风险	11.9	11.9	9.5	11.2
	高风险	2.6	9.9	0.6	11.2

注：表中数据为各风险等级占本区面积比例。

(三) 玉米主产区未来低温风险分析

在生育期不发生改变的情景假设下，基于历史玉米生育期和未来气象数据，构建玉米低温风险评估模型。我国玉米生育学下限温度为10℃，以未来预测气象日值数据为基础数据，基于区域生育期计算低温指标（低温积害量和低温时长），构建低温风险评估模型；确定低温风险等级，统计低温发生频次，分析低温风险分布情况（表10-9）。

表10-9 主要玉米生态区未来低温风险等级面积占比

单位：%

玉米种植区	风险等级	RCP4.5-2030s	RCP4.5-2050s	RCP8.5-2030s	RCP8.5-2050s
东华北春玉米区	无风险	58.0	83.3	57.0	78.2
	低风险	16.4	6.1	15.7	6.8
	中风险	25.3	10.6	26.6	15.0
	中高风险	0.3	0.0	0.7	0.0
	高风险	0.0	0.0	0.0	0.0
北方春玉米区	无风险	19.5	37.4	25.3	34.6
	低风险	10.7	8.6	9.4	10.3
	中风险	54.8	43.3	49.4	46.6
	中高风险	13.1	9.8	13.6	7.8
	高风险	1.9	1.0	2.3	0.7
西北春玉米区	无风险	33.7	43.4	37.5	46.0
	低风险	5.1	5.7	4.9	4.8
	中风险	26.0	20.6	24.9	21.5
	中高风险	9.7	6.7	8.2	6.3
	高风险	25.5	23.6	24.4	21.4
西南玉米区	无风险	38.6	50.6	44.9	40.4
	低风险	7.5	5.6	6.6	7.7
	中风险	32.1	22.6	26.4	31.4
	中高风险	3.9	3.7	4.2	4.0
	高风险	18.0	17.5	18.0	16.5

注：表中数据为各风险等级占本区面积比例。

由表可知，未来低温风险主要分布在北方春玉米区、西北春玉米区。以北方春玉米区为例，未来RCP4.5情景下出现中等低温风险的面积占比最大，

2030s、2050s 两个时间段下占比分别达到了 54.8％和 43.3％；而在 RCP8.5 情景下北方春玉米区的低温风险依然保持为中风险，且分别占生态区总面积的 49.4％和 46.6％，均在总面积的一半左右。在空间上，RCP4.5 情景下低温风险主要分布在北方春玉米区的北部地区，达到中高风险等级，甚至出现高风险地区；而 RCP8.5 情境下低温风险的可能性有所降低。

（四）玉米主产区未来干旱风险分析

降水距平百分率反映了某一时段降水与同期平均状态的偏离程度，用于表征区域干旱严重程度，具有评价快速、模型简单和符合实际干旱情况的优势。在生育期不发生改变的情景假设下，基于历史玉米生育期和未来预测气象数据，根据区域生育期计算降水量的降水距平百分率，确定区域干旱分级，统计干旱频次，分析干旱风险分布情况（表 10-10）。

表 10-10　主要玉米生态区未来干旱风险等级面积占比

单位:％

玉米种植区	风险等级	RCP4.5-2030s	RCP4.5-2050s	RCP8.5-2030s	RCP8.5-2050s
东华北春玉米区	无风险	9.22	5.12	3.75	7.17
	低风险	10.58	5.80	3.41	6.14
	中风险	55.29	52.22	27.99	46.42
	中高风险	24.91	36.86	60.75	39.93
	高风险	0	0	4.10	0.34
北方春玉米区	无风险	8.39	5.33	3.80	6.54
	低风险	20.18	8.23	6.70	14.29
	中风险	46.09	61.74	60.77	50.44
	中高风险	10.09	8.96	10.73	10.49
	高风险	15.25	15.74	18.00	18.24
西北春玉米区	无风险	11.92	13.57	12.11	10.37
	低风险	10.85	10.76	7.75	8.72
	中风险	38.28	40.60	43.02	37.11
	中高风险	37.02	33.82	36.14	40.89
	高风险	1.94	1.26	0.97	2.91
黄淮海夏玉米区	无风险	2.71	—	1.7	3.07
	低风险	23.90	10.03	9.03	12.93
	中风险	63.09	70.65	67.96	74.84
	高风险	10.31	19.32	21.32	9.16

(续)

玉米种植区	风险等级	RCP4.5－2030s	RCP4.5－2050s	RCP8.5－2030s	RCP8.5－2050s
西南玉米区	无风险	9.78	11.70	8.65	9.94
	低风险	13.30	13.94	6.41	5.29
	中风险	51.76	49.36	47.92	51.44
	中高风险	15.38	15.22	20.19	19.71
	高风险	9.78	9.78	16.83	13.62

注：表中数据为各风险等级占本区面积比例。

结果表示，未来干旱风险主要分布在西北春玉米区、黄淮海夏玉米区和西南玉米区。以黄淮海夏玉米区为例，未来四种情景下，中风险干旱等级占据黄淮海夏玉米播种区一半以上地区，在相同 CO_2 浓度的情况下，随着时间推移，黄淮海地区中风险等级的面积不断扩大，最终能达到 70％以上，同时伴随少部分地区的干旱高风险。从空间上看，RCP4.5－2030s 情景下干旱高风险分布于黄淮海东部的山东地区，而其余三种情景下干旱高风险主要散布于黄淮海中部地区。

（五）玉米主产区未来适应气候变化品种布局需求

综合以上的活动积温、高温、低温和干旱风险在各亚区的具体分布特征，我们进一步分析得到未来气候情景下，各个玉米生态亚区适应气候变化的品种布局需求，见表 10－11（其中 RCP4.5－2030s 及 RCP8.5－2050s 的未来适应气候变化品种的布局分布图见附图 10－1）。通过该表可以直观的展示在不同的气候情景假设下，不同的时间段内，各个生态亚区玉米品种需求特征的变化。

1. 玉米主产区 RCP4.5 情景 2030s 适应气候变化品种需求特征

如附图 10－1 及表 10－11，东华北春玉米区未来玉米适宜品种在熟期上转变为更加晚熟的品种，由原来的早熟品种转变为中熟品种，中熟品种转变为晚熟品种，未来该生态区主要受干旱风险，且适宜种植一般耐干旱品种；在黄淮海夏玉米区内，陕西东南部、西南部等地品种熟期由中熟转变为中早熟，其他地区均可种植中晚熟或者晚熟品种，且整个生态亚区均需要种植一般耐干旱和一般耐高温的玉米品种；在西北春玉米区，新疆东北部、甘肃西北部、新疆西北部、新疆西南部、新疆西部边界、甘肃西南部以及甘肃西南角等地适宜种植极早熟的玉米品种，其他地区可以种植中熟或者中晚熟品种，在种植极早熟品种的地区需注意低温风险，在中晚熟地区注意干旱风险；在西南玉米区，Ⅳ1、

表10-11　40个玉米生态亚区未来适应气候变化品种布局需求

玉米种植区	生态亚区	历史适宜品种	RCP4.5-2030s	RCP4.5-2050s	RCP8.5-2030s	RCP8.5-2050s
东北华北春玉米区	I-1	中熟耐干旱	晚熟一般耐干旱	中晚熟较耐高温一般耐干旱	中晚熟较耐高温低温一般耐干旱	晚熟一般耐高温一般耐干旱
	I-2	早熟/中熟较耐低温	中熟一般耐干旱	中熟一般耐低温一般耐干旱	口熟一般耐低温干旱	中晚熟一般耐低温一般耐干旱
	I-3	中熟/晚熟耐干旱	晚熟较耐高温一般耐干旱	中熟/晚熟一般耐高温一般耐干旱	中熟/晚熟一般耐高温一般耐干旱	晚熟一般耐干旱
	I-4	早熟/中熟品种	中熟/晚熟一般耐干旱	中熟/晚熟一般耐高温一般耐干旱	中熟一般耐高温一般耐干旱	晚熟一般耐高温一般耐干旱
	I-5	中熟/晚熟耐干旱	晚熟一般耐高温一般耐干旱	晚熟一般耐高温耐干旱	晚熟一般耐高温一般耐干旱	晚熟一般耐高温一般耐干旱
	I-6	早熟品种	晚熟耐高温一般耐干旱	晚熟耐高温一般	晚熟耐高温一般耐干旱	较晚熟耐高温一般耐干旱
	I-7	早熟品种	中熟/晚熟	中熟/晚熟	中熟/晚熟	晚熟一般耐高温
黄淮海夏玉米区	II-1	中熟较耐高温耐低温	晚熟一般耐高温干旱	晚熟一般耐高温耐干旱	晚熟一般耐高温干旱	晚熟一般耐高温干旱
	II-2	中熟较耐高温	中晚熟一般耐高温一般耐干旱	中熟一般耐高温耐干旱	中晚熟较耐高温较耐干旱	中晚熟较耐高温耐干旱
	II-3	中熟较耐高温	中晚熟一般耐高温一般耐干旱	中晚熟一般耐高温一般耐干旱	中晚熟较耐高温较耐干旱	中晚熟较耐高温一般耐干旱

（续）

玉米种植区	生态亚区	历史适宜品种	RCP4.5-2030s	RCP4.5-2050s	RCP8.5-2030s	RCP8.5-2050s
黄淮海夏玉米区	II-4	中熟较耐高温	中早熟一般耐干旱	中早熟较耐干旱	中早熟较耐干旱	中熟一般耐高温一般耐干旱
	II-5	早熟/中熟品种	中熟一般耐高温一般耐干旱	中晚熟一般耐高温耐干旱	中晚熟较耐高温耐干旱	中晚熟耐高温一般耐干旱
	II-6	中熟/晚熟较耐高温	中晚熟一般耐高温	中晚熟一般耐高温耐干旱	中晚熟较耐高温耐干旱	晚熟较耐高温一般耐干旱
	II-7	早熟/中熟较耐高温	中晚熟一般耐高温	中晚熟一般耐高温耐干旱	中晚熟较耐高温耐干旱	中晚熟一般耐高温
	II-8	中熟较耐高温	中晚熟一般耐高温一般耐干旱	中晚熟一般耐高温耐干旱	中晚熟一般耐高温耐干旱	晚熟耐高温一般耐干旱
西北春玉米区	III-1	中晚熟较耐高温较耐干旱	中晚熟一般耐低温较耐干旱	晚熟较耐干旱	中晚熟较耐干旱	晚熟较耐干旱
	III-2	中熟耐高温较耐低温耐干旱	极早熟一般耐低温一般耐干旱	极早熟一般耐干旱	极早熟一般耐低温耐干旱	极早熟一般耐低温一般耐干旱
	III-3	早熟耐干旱	极早熟耐低温	极早熟耐低温	极早熟耐低温一般耐干旱	极早熟耐低温一般耐干旱
	III-4	极早熟品种	极早熟较耐干旱	极早熟耐干旱	极早熟较耐干旱	极早熟较耐高温耐干旱
	III-5	早熟/中早熟耐干旱	晚熟较耐干旱	晚熟较耐干旱	晚熟较耐干旱	晚熟耐高温较耐干旱

（续）

玉米种植区	生态亚区	历史适宜品种	RCP4.5-2030s	RCP4.5-2050s	RCP8.5-2030s	RCP8.5-2050s
西北春玉米区	Ⅲ-6	极早熟品种	极早熟耐低温一般耐干旱	极早熟耐低温较耐干旱	极早熟耐低温一般耐干旱	极早熟耐低温一般耐干旱
	Ⅲ-7	极早熟品种	极早熟耐低温一般耐干旱	极早熟耐低温较耐干旱	极早熟耐低温一般耐干旱	极早熟耐低温一般耐干旱
	Ⅲ-8	中熟/中晚熟较耐高温较耐干旱	中熟一般耐低温耐干旱	中晚熟一般耐低温耐干旱	中晚熟一般耐低温耐干旱	晚熟耐干旱
	Ⅲ-9	早熟/中早熟较耐低温	中熟一般耐低温一般耐干旱	中熟一般耐低温一般耐干旱	中熟一般耐低温一般耐干旱	中晚熟耐低温干旱
	Ⅲ-10	极早熟/早熟耐低温	极早熟耐低温	极早熟耐低温	极早熟耐低温	极早熟一般耐低温
	Ⅲ-11	极早熟耐低温	极早熟耐低温	极早熟耐低温	极早熟耐低温	极早熟耐低温
西南玉米区	Ⅳ-1	早熟耐低温较耐干旱	极早熟耐低温较耐干旱	极早熟耐低温较耐干旱	极早熟耐低温较耐干旱	极早熟耐低温较耐干旱
	Ⅳ-2	早熟耐低温较耐干旱	极早熟耐低温耐干旱	极早熟耐低温耐干旱	极早熟耐低温一般耐干旱	极早熟耐低温一般耐干旱
	Ⅳ-3	中熟耐低温耐干旱	极早熟耐低温较耐干旱	极早熟一般耐低温一般耐干旱	极早熟一般耐低温一般耐干旱	极早熟一般耐低温一般耐干旱
	Ⅳ-4	中熟耐低温一般耐干旱	中熟一般耐低温一般耐干旱	中晚熟一般耐干旱	中晚熟一般耐低温耐干旱	晚熟一般耐低温耐干旱

（续）

玉米种植区	生态亚区	历史适宜品种	RCP4.5-2030s	RCP4.5-2050s	RCP8.5-2030s	RCP8.5-2050s
西南玉米区	IV-5	中熟/晚熟耐高温较耐干旱	晚熟一般耐高温一般耐干旱	晚熟一般耐高温一般耐干旱	晚熟一般耐高温一般耐干旱	晚熟一般耐高温一般耐干旱
	IV-6	中熟/晚熟较耐干旱	晚熟	晚熟	晚熟	晚熟
	IV-7	中熟晚熟耐干旱	中晚熟一般耐低温一般耐干旱	中晚熟一般耐干旱	中晚熟一般耐低温耐干旱	中晚熟一般耐低温一般耐干旱
北方春玉米区	V-1	极早熟/早熟耐低温耐干旱	极早熟较耐低温一般耐干旱	极早熟较耐低温一般耐干旱	极早熟较耐低温一般耐干旱	极早熟较耐低温一般耐干旱
	V-2	中早熟较耐低温较耐干旱	早熟一般耐低温	中熟一般耐低温一般耐干旱	早熟一般耐低温一般耐干旱	中熟一般耐低温一般耐干旱
	V-3	中早熟/早熟耐低温耐干旱	早熟一般耐低温一般耐干旱	中晚熟一般耐低温耐干旱	早熟一般耐低温一般耐干旱	中熟一般耐低温一般耐干旱
	V-4	中晚熟耐低温较耐干旱	中熟一般耐低温一般耐干旱	中晚熟一般耐干旱	中晚熟耐干旱	中晚熟一般耐低温一般耐干旱
	V-5	早熟较耐低温较耐干旱	中熟一般耐低温	中熟一般耐低温	中熟一般耐低温	中晚熟一般耐低温
	V-6	晚熟耐高温	中熟一般耐低温耐干旱	晚熟耐高温耐干旱	晚熟耐高温耐干旱	晚熟耐高温耐干旱
	V-7	中早熟品种	中熟一般耐干旱	中晚熟一般耐干旱	中晚熟一般耐干旱	中晚熟一般耐干旱

Ⅳ2、Ⅳ3 等地适宜种植极早熟且耐低温耐干旱的玉米品种，而其他地区适宜种植中熟或中晚熟以及一般耐高温一般耐干旱的玉米品种；在北方春玉米区，品种熟期主要为极早熟、早熟和中熟品种，同时该地区内低温和干旱风险较常见，需选育耐低温耐干旱的玉米品种。

2. 玉米主产区 RCP4.5 情景 2050s 适应气候变化品种需求特征

如表 10 - 11，东华北春玉米区未来玉米适宜品种与 RCP4.5 - 2030s 大致相同；在黄淮海夏玉米区，陕西省东南部、西南部仍为中早熟，山东省西南—西北转变为中晚熟，且整个生态亚区均需要种植一般耐干旱和一般耐高温的玉米品种；在西北春玉米区，新疆东北部、甘肃西北部、新疆西北部、新疆西南部、新疆西部边界、甘肃西南部以及甘肃西南角等地适宜种植极早熟的玉米品种，甘肃西北部、新疆东部、新疆东南部等地适宜种植晚熟玉米品种，其他地区可以种植中熟或者中晚熟品种，在种植极早熟品种的地区需注意低温风险，在中晚熟地区注意干旱风险；在西南玉米区，玉米适宜品种与 RCP4.5 - 2030S 情景大致相同；在北方春玉米区，在内蒙古北端、黑龙江北端等地区适宜种植极早熟较耐低温一般耐干旱的玉米品种，在黑龙江中部及南部、吉林省南部、东部地区适宜种植中熟一般耐低温一般耐干旱的玉米品种，内蒙古中部、山西北部、陕西北部、河北北部、黑龙江西南角、甘肃南部、陕西中部等地转变为适宜种植中晚熟品种，在内蒙古西部等地区适宜种植晚熟耐高温耐干旱品种。

3. 玉米主产区 RCP8.5 情景 2030s 适应气候变化品种需求特征

如表 10 - 11，东华北春玉米区未来玉米适宜品种与 RCP4.5 - 2030s 大致相同；在黄淮海夏玉米区，陕西省东南部、西南部等地品种熟期由中熟转变为中早熟，其他地区与 RCP4.5 - 2050s 大致相同，整个生态亚区均需要种植一般耐干旱和一般耐高温的玉米品种；在西北春玉米区，适宜种植玉米品种与 RCP4.5 - 2050s 大致相同，但干旱风险更为明显，需要注意干旱风险的防范；在西南玉米区，适宜种植玉米品种与 RCP4.5 - 2050s 大致相同，但干旱和低温风险更为明显，需要注意干旱和低温风险的防范；在北方春玉米区，适宜种植玉米品种与 RCP4.5 - 2050s 大致相同。

4. 玉米主产区 RCP8.5 情景 2050s 适应气候变化品种需求特征

如表 10 - 11 所示，东华北春玉米区未来玉米适宜品种在熟期上转变为中晚熟、晚熟和极晚熟品种，出现高温风险和干旱风险明显的情况，可以种植熟期更晚但抵抗高温干旱风险能力较强的玉米品种；在黄淮海夏玉米区，适宜种植中熟、中晚熟和晚熟的玉米品种，整个生态亚区均需要种植一般耐干旱和一般耐高温的玉米品种；在西北春玉米区，新疆东北部、甘肃西北部、新疆西北部、新疆西南部、新疆西部边界、甘肃西南部以及甘肃西南角等地适宜种植极早熟的玉米品种，甘肃西北部、新疆东部、新疆东南部等地仍然适宜种植极早熟的玉米品种，其他地区可以种植中晚熟或者晚熟品种，在种植极早熟品种的地区需注意低温风险，在中晚熟地区注意干旱风险；在西南玉米区，四川西北角、四川西北高原、云南西北角、四川盆地西部边缘等地适宜种植极早熟且耐低温耐干旱的玉米品种，而其他地区适宜种植中晚熟或晚熟以及一般耐干旱的玉米品种；在北方春玉米区，内蒙古北端、黑龙江北端地区适宜种植极早熟或者早熟一般耐低温的玉米品种，而其他地区适宜种植中熟、中晚熟或者晚熟玉米品种，在吉林南部、东部以及内蒙古西部等地区容易出现高温风险，需注意防范。

总体来讲，未来气候变化情景下，各亚区活动积温总体呈增加趋势，大部分地区可以种植比现在更加晚熟的玉米品种，高温和干旱风险是未来气候变化情景下玉米生产过程中面临的主要气象风险（风险面积和风险等级都有所增加），因此应加强各种熟型玉米的耐高温和干旱品种的选育工作，同时在田间管理过程中需做好相应的应对措施，结合前面第六至第九章模型评估研究，还需培育其他适应性品种，特别是生殖生长期热量资源利用效率高及高灌浆速率的耐热耐旱品种，将是未来适应气候变化的玉米品种培育方向，将对未来充分利用热量资源及趋利避害、促进玉米高产稳产优质起到直接作用。结合其他管理措施，如前面第六至第九章模型评估研究中的播期调整、其他适应性品种、充足灌溉等适应性措施，抵消气候变化对玉米生产的不利影响。此外，需加强适应性措施的针对性研发及多措施综合应用，并注意减缓与适应措施相结合，尽可能降低气候变化对玉米生产的负面影响及减缓玉米生产对气候变化的进一步促进，积极利用未来可利用的气候资源，进行合理的品种布局及综合应对气候变化的种植及管理策略，以保证未来气候变化情景下的粮食安全。

四、未来品种布局建议

本章通过空间属性一体化聚类方法对地理环境单元中与玉米生长发育相关因子进行聚类分析，将我国玉米主产区分为 5 个大区 40 个亚区，并在此基础上分析各生态亚区当前及未来的气象风险等级，综合得出未来各个亚区适应气候变化的品种布局需求。总体来讲，未来气候变化情景下，各亚区活动积温总体呈增加趋势，大部分地区可以种植比现在更加晚熟的玉米品种，高温和干旱风险是未来气候变化情景下玉米生产过程中面临的主要气象风险（风险面积和风险等级都有所增加），因此应加强各种熟型玉米的耐高温和干旱品种的选育工作，同时在田间管理过程中需做好相应的应对措施，加强适应性措施的针对性研发及多措施综合应用，尽可能降低气候变化对玉米生产的负面影响，积极利用未来可利用的气候资源，进行合理的品种布局。并制定能综合应对气候变化的种植及管理策略，使之与气候变化减缓措施结合利用，以保证未来粮食安全并尽可能降低玉米生产中的温室气体排放、注重减缓与适应措施的综合利用，做到粮食生产和气候变暖减缓双赢。

参 考 文 献

白帆，杨晓光，刘志娟，等，2020. 气候变化背景下播期对东北三省春玉米产量的影响 [J]. 中国生态农业学报（中英文），28 (4)：480 - 491.

白杨，王晓云，姜海梅，等，2013. 城市热岛效应研究进展 [J]. 气象与环境学报，29 (2)：101 - 106.

陈法军，戈峰，刘向辉，2004. 棉花对大气 CO_2 浓度升高的响应及其对棉蚜种群发生的作用 [J]. 生态学报 (5)：991 - 996.

陈法军，吴刚，戈峰，2005. 大气 CO_2 浓度升高对棉蚜生长发育和繁殖的影响及其作用方式 [J]. 生态学报，25 (10)：2601 - 2607.

陈法军，吴刚，戈峰，2006. 春小麦对大气 CO_2 浓度升高的响应及其对麦长管蚜生长发育和繁殖的影响 [J]. 应用生态学报，17 (1)：91 - 96.

戴明宏，赵久然，杨国航，等，2011. 不同生态区和不同品种玉米的源库关系及碳氮代谢 [J]. 中国农业科学，44 (8)：1585 - 1595.

丁锐，史文娇，2021. 1993—2017 年气候变化对西藏谷物单产的定量影响 [J/OL]. 地理学报.

丁一汇，任国玉，石广玉，2007. 气候变化国家评估报告（Ⅰ）：中国气候变化的历史和未来趋势 [J]. 气候变化研究进展，02 (s1)：1 - 5.

高慧璟，肖能文，李俊生，等，2009. 不同氮素水平下 CO_2 倍增对转 Bt 棉花氮素代谢的影响 [J]. 生态学杂志，28 (11)：2213 - 2219.

郭庆法，王庆成，汪黎明，2004. 中国玉米栽培学 [M]. 上海：上海科技出版社.

韩兰英，张强，姚玉璧，等，2014. 近 60 年中国西南地区干旱灾害规律与成因 [J]. 地理学报，69 (5)：632 - 639.

何梅，章金辉，王再花，等，2020. CO_2 倍增对铁皮石斛光合特性和生长的影响 [J]. 广东农业科学，47 (2)：17 - 23.

红艳，2018. 氮素添加对荒漠区 5 种植物氮素代谢的影响 [D]. 呼和浩特：内蒙古师范大学.

胡祎然，张明杨，2017. 气候变暖、玉米增产与转基因技术应用的实现路径 [J]. 江苏农业科学，45 (24)：341 - 344.

蒋跃林，张庆国，张仕定，2006. 大气 CO_2 浓度对茶叶品质的影响 [J]. 茶叶科学 (4)：299 - 304.

李德，孙义，孙有丰，2015. 淮北平原夏玉米花期高温热害综合气候指标研究 [J]. 中国生态农业学报，23 (08)：1035 - 1044.

李伏生，康绍忠，张富仓，2003. CO_2 浓度、氮和水分对春小麦光合、蒸散及水分利用效率

的影响 [J]. 应用生态学报, 14 (3): 387 - 393.

李伏生, 康绍忠, 2002. CO_2 浓度升高、氮和水分对春小麦养分吸收和土壤养分的效应 [J]. 植物营养与肥料学报 (3): 303 - 309.

李广, 李玥, 黄高宝, 等, 2012. 不同耕作措施旱地小麦生产应对气候变化的效应分析 [J]. 草业学报 21 (5): 160 - 168.

李军营, 2006. 二氧化碳浓度升高对水稻幼苗叶片生长、蔗糖转运和籽粒灌浆的影响及其机制 [D]. 南京: 南京农业大学.

李阔, 熊伟, 潘婕, 等, 2018. 未来升温 1.5℃ 与 2.0℃ 背景下中国玉米产量变化趋势评估 [J]. 中国农业气象, 39 (12): 765 - 777.

李明, 李迎春, 牛晓光, 等, 2021. 大气 CO_2 浓度升高与氮肥互作对玉米花后碳氮代谢及产量的影响 [J]. 中国农业科学, 54 (17): 3647 - 3665.

李鸣钰, 2021. 未来气候变化对中国玉米产量影响及应对措施研究——以黄淮海地区为例 [D]. 辽宁: 沈阳农业大学.

李鸣钰, 高西宁, 潘婕, 等. 未来升温 1.5℃ 与 2.0℃ 背景下中国水稻产量可能变化趋势 [J]. 自然资源学报, 2021, 36 (3): 567 - 581.

李少昆, 2012. 玉米田间宝典丛书 [D]. 北京: 中国农业出版社.

李少昆, 王崇桃, 2010. 玉米高产潜力·途径 [M]. 北京: 科学出版社.

李少昆, 王振华, 高增贵, 等, 2012. 北方春玉米田种植手册 [M]. 北京: 中国农业科技出版社.

李祎君, 王春乙, 赵蓓, 等, 2010. 气候变化对中国农业气象灾害与病虫害的影响 [J]. 农业工程学报, 26 (S1): 263 - 271.

刘光启, 2008. 农业速查速算手册 [M]. 北京: 化学工业出版社.

刘哲, 昝糈莉, 刘玮, 等, 2019. 农业气象台站玉米生育期的填补及对比分析 [J]. 资源科学, 41 (1): 176 - 184.

刘志娟, 杨晓光, 王静, 等, 2012. APSIM 玉米模型在东北地区的适应性 [J]. 作物学报, 38 (4): 740 - 746.

马雅丽, 王志伟, 栾青, 等, 2009. 玉米产量与生态气候因子的关系 [J]. 中国农业气象, 30 (4): 565 - 568.

梅旭荣, 刘勤, 严昌荣, 2016. 中国主要农作物生育期图集 [M]. 杭州: 浙江科学技术出版社.

母小焕, 2017. 叶片水平上玉米氮素高效利用的生理机制 [D]. 北京: 中国农业大学.

宁晓菊, 秦耀辰, 崔耀平, 等, 2015. 60 年来中国农业水热气候条件的时空变化 [J]. 地理学报, 70 (3): 364 - 379.

潘庆民, 韩兴国, 白永飞, 等, 2002. 植物非结构性贮藏碳水化合物的生理生态学研究进展 [J]. 植物学通报, (1): 30 - 38.

潘瑞炽, 2004. 植物生理学 (第五版) [M]. 北京: 高等教育出版社.

钱蕾，蒋兴川，刘建业，等，2015. 大气 CO_2 浓度升高对西花蓟马生长发育及其寄主四季豆营养成分的影响 [J]. 生态学杂志，34 (6)：1553-1558.

秦大河，2014. 气候变化科学与人类可持续发展 [J]. 地理科学进展，33 (7)：874-883.

秦大河，翟盘茂，2021. 中国气候与生态环境演变——2021 (卷科学基础) [M]. 北京：科学出版社.

任国玉，吴虹，陈正洪，2020. 我国降水变化趋势的空间特征 [J]. 应用气象学报，11 (3)：322-330.

申丽霞，王璞，2009. 玉米穗位叶碳氮代谢的关键指标测定 [J]. 中国农学通报，25 (24)：155-157.

孙立军，2014. 春玉米中后期管理技术 [J]. 农民致富之友，(7)：105.

佟屏亚，1992. 中国玉米种植区划 [M]. 北京：中国农业科技出版社.

王强，钟旭华，黄农荣，等，2006. 光、氮及其互作对作物碳氮代谢的影响研究进展 [J]. 广东农业科学，(2)：37-40.

吴佳，高学杰，2013. 一套格点化的中国区域逐日观测资料及与其他资料的对比 [J]. 地球物理学报，56 (4)：1102-1111.

谢立勇，马占云，高西宁，等，2008. 二氧化碳浓度增高对作物影响研究方法 (FACE) 的问题与讨论 [J]. 中国农业大学学报，13 (3)：23-28.

熊伟，2004. 未来气候变化情景下中国主要粮食作物生产模拟 [D]. 北京：中国农业大学.

徐建文，居辉，刘勤，等，2014. 海地区干旱变化特征及其对气候变化的响应 [J]. 生态学报，34 (2)：460-470.

许吟隆，潘婕，冯强，等，2016. 中国未来的气候变化预估——应用 PRECIS 构建 SRES 高分辨率气候情景 [M]. 北京，科学出版社.

许吟隆，赵运成，翟盘茂，2020. IPCC 特别报告 SRCCL 关于气候变化与粮食安全的新认知与启示 [J]. 气候变化研究进展，16 (1)：37-49.

严中伟，丁一汇，翟盘茂，等，2020. 近百年中国气候变暖趋势之再评估 [J]. 气象学报，78 (3)：370-378.

阳剑，时亚文，李宙炜，等，2011. 水稻碳氮代谢研究进展 [J]. 作物研究，25 (4)：383-387.

杨胜举，佟玲，吴宣毅，等，2021. 玉米冠层辐射分布和产量对种植密度和水分的响应研究 [J]. 灌溉排水学报，40 (8)：19-34.

尹小刚，王猛，孔箐锌，2015. 东北地区高温对玉米生产的影响及对策 [J]. 应用生态学报，26 (1)：186-198.

尤新，2008. 玉米深加工技术 [M]. 北京：中国轻工业出版社.

张继波，李楠，邱粲，2021. 水分临界期持续干旱胁迫对夏玉米光合生理与产量形成的影响 [J]. 干旱气象，39 (5)：734-741.

张立极，潘根兴，张旭辉，等，2015. 大气 CO_2 浓度和温度升高对水稻植株碳氮吸收及分配的影响 [J]. 土壤，47 (1)：26-32.

张倩，赵艳霞，王春乙，2010. 我国主要农业气象灾害指标研究进展 [J]. 自然灾害学报，19 (6)：40 - 54.

张镇涛，杨晓光，高继卿，等，2018. 气候变化背景下华北平原夏玉米适宜播期分析 [J]. 中国农业科学，51 (17)：3258 - 3274.

赵彦茜，肖登攀，唐建昭，等，2019. 气候变化对我国主要粮食作物产量的影响及适应措施 [J]. 水土保持研究，26 (6)：317 - 326.

中国气象局气候变化中心，2021. 中国气候变化蓝皮书 2021 [M]. 北京：科学出版社.

周林，潘婕，张镭，等，2014. 气候模拟日降水量的统计误差订正分析——以上海为例 [J]. 热带气象学报，30 (1)：137 - 144.

Ainsworth EA, Rogers A, Vodkin LO, et al, 2006. The effects of elevated CO_2 concentration on soybean gene expression an analysis of growing and mature leaves [J]. Plant Physiology, 142 (1)：135 - 147.

Ainsworth, E. A., Leakey, A. D., Ort, D. R. and Long, S. P., 2008. FACE - ing the facts：inconsistencies and interdependence among field, chamber and modeling studies of elevated [CO_2] impacts on crop yield and food supply. New Phytologist, 179 (1)：5 - 9.

Alam M M, Siwar C, Jaafar A H et al, 2013. Agricultural vulnerability and adaptation to climatic changes in Malaysia：Review on paddy sector. Current World Environment, 8 (1)：1 - 12.

Angstrom, A., 1924. Solar and terrestrial radiation. Quart. j. roy. met. soc, 50 (210), 121 - 126.

Asseng S., Fillery I. R. P., Dunin F. X., et al, 2001. Potential deep drainage under wheat crops in a Mediterranean climate. I. Temporal and spatial variability. Australian Journal of Agricultural Research, 52：45 - 56.

Asseng S., Jamieson P. D., Kimball B., et al, 2004. Simulated wheat growth affected by rising temperature, increased water deficit and elevated atmospheric CO_2. Field Crops Research, 85：85 - 102.

Asseng S., van Keulen H. and Stol W, 2000. Performance and application of the APSIM N wheat model in the Netherlands. European Journal of Agronomy, 12：37 - 54.

Asseng, S. et al., 2013. Uncertainty in simulating wheat yields under climate change. Nature climate change, 3 (9)：827.

Asseng, S. et al., 2015. Rising temperatures reduce global wheat production. Nature climate change, 5 (2)：143.

Bailey - Serres, J., Parker, J. E., Ainsworth, E. A., Oldroyd, G. E. D., & Schroeder, J. I., 2019. Genetic strategies for improving crop yields. Nature, 575 (7781), 109 - 118.

Barnaby JY and Ziska LH, 2012. Plant responses to elevated CO_2 [M]. Chichester, England：John Wiley and Sons, Ltd.：1 - 10.

Barnett, T. P., Adam, J. C. andLettenmaier, D. P., 2005. Potential impacts of a warming climate on water availability in snow - dominated regions. Nature, 438 (7066): 303.

Bassu S., Asseng S., Motzo R., et al, 2009. Optimising sowing date of durum wheat in a variable Mediterranean environment. Field Crops Research, 111: 109 - 118.

Bishop KA, Andrew DBL and Elizabeth AA, 2014. How seasonal temperature or water inputs affect the relative response of C_3 crops to elevated [CO_2]: a global analysis of open top chamber and free air CO_2 enrichment studies [J]. Food Energy Security, 3: 33 - 45.

Brown, R. A. and Rosenberg, N. J., 1997. Sensitivity of crop yield and water use to change in a range of climatic factors and CO_2 concentrations: a simulation study applying EPIC to the central USA. Agricultural and Forest Meteorology, 83 (3 - 4): 171 - 203.

Burkart, S., Manderscheid, R., Wittich, K. P., Löpmeier, F. J. and Weigel, H. J., 2011. Elevated CO_2 effects on canopy and soil water flux parameters measured using a large chamber in crops grown with free - air CO_2 enrichment. Plant Biology, 13 (2): 258 - 269.

Chaturvedi AK, Bahuquna RN, Shah D, et al, 2017. High temperature stress during flowering and grain filling offsets beneficial impact of elevated CO_2 on assimilate partitioning and sink - strength in rice [J]. Scientific Reports, 7: 8227.

Che, H. Z., Shi, G. Y., Zhang, X. Y., Zhao, J. Q. and Li, Y., 2007. Analysis of sky conditions using 40 year records of solar radiation data in China. Theoretical & Applied Climatology, 89 (1 - 2): 83 - 94.

Chen GY, Yong ZH, Liao Y, et al, 2005. Photosynthetic acclimation in rice leaves to free - air CO_2 enrichment related to both ribulose - 1, 5 - bisphosphate carboxylation limitation and ribulose - 1, 5 - bisphosphate regeneration limitation [J]. Plant and Cell Physiology, 46 (7): 1036 - 1045.

Chen, R., Kang, E., & Ji, X., 2006. Trends of the global radiation and sunshine hours in 1961 - 1998 and their relationships in China. Energy Conversion and Management, 47, 2859 - 2866.

Chen, Y. et al., 2016. Identifying the impact of multi - hazards on crop yield—a case for heat stress and dry stress on winter wheat yield in northern China. European journal of agronomy, 73: 55 - 63.

Clavel D, Drame NK, Roy - Macauley H, et al, 2005. Analysis of early responses to drought associated with field drought adaptation in four Sahelian groundnut (Arachis hypogaea L.) cultivars [J]. Environmental and Experimental Botany, 54: 219 - 230.

Crous KY, Quentin AG, Lin YS, et al, 2013. Photosynthesis of temperate Eucalyptus globulus trees outside their native range has limited adjustment to elevated CO_2 and climate warming [J]. Global Change Biology, 19: 3790 - 3807.

Cui Y, Jiang S M, Jin J L, et al, 2019. Quantitative assessment of soybean drought loss sensitivity at different growth stages based on shaped damage curve [J]. Agricultural Water Management, 213: 821 - 832.

De Souza AP, Gaspar M, Da Silva EA. et al, 2008. Elevated CO_2 increases photosynthesis, biomass and productivity, and modifies gene expression in sugarcane [J]. Plant Cell and Environment, 31 (8): 1116 - 1127.

Dermody O, Long S P, McConnaughay K, et al, 2018. How do elevated CO_2 and O_3 affect the interception and utilization of radiation by a soybean canopy? [J]. Global Change Biology, 14 (3): 556 - 564.

Dermody O, O'neill B F, Zangerl A R, et al, 2008. Effects of elevated CO_2 and O_3 on leaf damage and insect abundance in a soybean agroecosystem [J]. Arthropod - Plant Interactions, 2 (3): 125 - 135.

Deryng, D. et al., 2016. Regional disparities in the beneficial effects of rising CO_2 concentrations on crop water productivity. Nature Climate Change, 6 (8): 786.

Duan H, Duursma R A, Huang G, et al, 2014. Elevated [CO_2] does not ameliorate the negative effects of elevated temperature on drought - induced mortality in Eucalyptus radiata seedlings [J]. Plant, Cell and Environment, 37: 1598 - 1613.

Duvick DN, 2005. Genetic progress in yield of United States maize (Zea mays L.). Maydica, 50 (3): 193 - 202.

Edmar I T, Guenther F, Harrij V V et al, 2013. Global hot - spots of heat stress on agricultural crops due to climate change. Agriculture and Forest Meteorology, 170: 206 - 215.

Elizabeth AA, Stephen P L, 2005. What have we learned from 15 years of free - air CO_2 enrichment (FACE)? A meta - analytic review of the responses of photosynthesis, canopy properties and plant production to rising CO_2 [J]. New Phytologist, 165 (2): 351 - 372. DOI: 10. 1111/j. 1469 - 8137. 2004. 01224. x.

Fang W, Si Y, Douglass S, et al, 2012. Transcriptome - wide changes in Chlamydomonas-reinhardtii gene expression regulated by carbon dioxide and the CO_2 - concentrating mechanism regulator CIA5/CCM1 [J]. The Plant Cell, 24: 1876 - 1893.

Fontaine J, Terce - Laforgue T, Armengaud P, et al, 2012. Characterization of a NADH - dependent glutamate dehydrogenase mutant of Arabidopsis demonstrates the key role of this enzyme in root carbon and nitrogen metabolism [J]. The Plant Cell, 24: 4044 - 4065.

Ge Y, Guo B Q, Cai Y M, et al, 2018. Transcriptome analysis identifies differentially expressed genes in maize leaf tissues in response to elevated atmospheric [CO_2] [J]. Journal of Plant Interactions, 13: 373 - 379.

Gourdji, S. M. , Sibley, A. M. and Lobell, D. B. , 2013. Global crop exposure to critical high temperatures in the reproductive period: historical trends and future projections. Environmental Research Letters, 8 (2): 024041.

He C, Liu JD, et al. , 2020. Improving solar radiation estimation in China based on regional optimal combination of meteorological factors with machine learning methods. Energy Conversion and Management, 220, 113111

Huang Y, Fang R, Li Y, Liu X, et al, 2019. Warming and elevated CO_2 alter the transcriptomic response of maize (Zea mays L.) at the silking stage [J]. Scientific Report, 9 (1): 17948.

IPCC, 2013: Climate Change 2013: The Physical Science Basis. Contribution of Working Group I to the Fifth Assessment Report of the Intergovernmental Panel onClimate Change [Stocker T F, Qin D, Plattner G - K, Tignor M, Allen S K, Boschung J, Nauels A, Xia Y, Bex V and Midgley P M (eds.)]. Cambridge, Cambridge University Press.

IPCC, 2014. Climate change 2014: synthesis report," in Contribution of Working Groups I, II and III to the Fifth Assessment Report of the Intergovernmental Panel on Climate Change eds. Pachauri, R. K. , Meyer, L. A. , (Geneva: IPCC) .2014, 151.

IPCC, 2021: Climate Change 2021: The Physical Science Basis. Contribution of Working Group I to the Sixth Assessment Report of the Intergovernmental Panel on Climate Change [Masson - Delmotte, V. , P. Zhai, A. Pirani, S. L. Connors, C. Péan, S. Berger, N. Caud, Y. Chen, L. Goldfarb, M. I. Gomis, M. Huang, K. Leitzell, E. Lonnoy, J. B. R. Matthews, T. K. Maycock, T. Waterfield, O. Yelekçi, R. Yu, and B. Zhou (eds.)]. Cambridge University Press, Cambridge, United Kingdom and New York, NY, USA.

IPCC, 2018. Special report on global warming of 1. 5℃ [M]. UK: Cambridge University Press.

Kang, S. , Eltahir, E. A. B. , 2018, North China Plain threatened by deadly heatwaves due to climate change and irrigation. Nature Communications 9, 2894. https: //doi. org/ 10. 1038/s41467 - 018 - 05252 - y.

Keating B. A. , Carberry P. S. , Hammer G. L. , et al, 2003. An overview of APSIM, a model designed for farming systems simulation. European Journal of Agronomy, 18: 267 - 288.

Kocsis M, Dunai A, Mako A, et al, 2019. Estimation of the drought sensitivity of Hungarian soils based on corn yield responses [J]. Journal of Maps, 16 (2): 148 - 154.

Kuzyakov, Y. ; Horwath, W. R. ; Dorodnikov, M. ; Blagodatskaya, E, 2019. Review and synthesis of the effects of elevated atmospheric CO_2 on soil processes: no changes in pools, but increased fluxes and accelerated cycles. Soil Biol. Biochem, 128, 66 - 78.

Leakey A D B, Ainsworth E A, Bernacchi C J, Rogers A, Long S P, Ort D R, 2009. Elevated CO_2 effects on plant carbon, nitrogen, and water relations: six important lessons from FACE. J Exp Bot, 60: 2859 - 2876.

Leakey ADB, Uribelarrea M, Ainsworth EA, Naidu SL, Rogers A, Ort DR, Long SP. 2006. Photosynthesis, productivity, and yield of maize are not affected by opeN - air elevation of CO_2 concentration in the absence of drought. Plant Physiology 140, 779 - 790.

Lesk, C., Rowhani, P., & Ramankutty, N., 2016. Influence of extreme weather disasters on global crop production. Nature, 529 (7584), 84 - 87.

Li LK, Wang M F, Sabin S P, et al, 2019. Effects of elevated CO_2 on foliar soluble nutrients and functional components of tea, and population dynamics of tea aphid, Toxoptera aurantii [J]. Plant Physiology and Biochemistry, 145: 84 - 94.

Liu JD, Liu JM, et al., 2012. Observation and calculation of the solar radiation on the Tibetan Plateau. Energy Conversion and Management, 57: 23 - 32.

Li P, Ainsworth EA, Leakey A D, et al., 2008. Arabidopsis transcript and metabolite profiles: ecotype—specific responses to open - air elevated [CO_2] [J]. Plant Cell and Environment, 31 (11): 1673 - 1687.

Liu Y, Wang E, Yang X, et al, 2010. Contributions of climatic and crop varietal changes to crop production in the North China Plain, since 1980s. Global Change Biology, 16 (8): 2287 - 2299.

Liu Z., Yang X., Hubbard K. G., et al, 2012. Maize potential yields and yield gaps in the changing climate of Northeast China. Global Change Biology, 18, 3441 - 3454.

Liu, C. and Allan, R. P., 2013. Observed and simulated precipitation responses in wet and dry regions 1850 - 2100. Environmental Research Letters, 8 (3): 034002.

Liu, Z., Hubbard, K. G., Lin, X., & Yang, X., 2013. Negative effects of climate warming on maize yield are reversed by the changing of sowing date and cultivar selection in Northeast C hina. Global change biology, 19 (11), 3481 - 3492.

LiX, Zhang L, Ahammed G J, et al, 2017. Stimulation in primary and secondary metabolism by elevated carbon dioxide alters green tea quality in Camellia sinensis L [J]. Scientific Reports, 7 (1): 7937.

Lobell D B, Burke M B, 2010. On the use of statistical models to predict crop yield responses to climate change [J]. Agricultural and Forest Meteorology, 150 (11): 1443 - 1452.

Lobell D B, Roberts M J, Schlenker W, et al, 2014. Greater sensitivity to drought accompanies maize yield increase in the US Midwest [J]. Science, 344 (6183): 516 - 519.

Lobell, D. B., B? Nziger, M., Magorokosho, C., & Vivek, B., 2011. Nonlinear heat effects on african maize as evidenced by historical yield trials. Nature Climate Change, 1 (1), 42 - 45.

Lobell, D. B., Schlenker, W., & Costa - Roberts, J., 2011. Climate trends and global crop production since 1980. Science, 333 (6042), 616 - 620.

Lobell, D. B., Wolfram, S. and Justin, C. R., 2011. Climate trends and global crop production since 1980. Science, 333 (6042): 616 - 620.

Long SP, Ainsworth EA, Rogers A, et al, 2004. Rising atmospheric carbon dioxide:

plants FACE the future [J]. Annual Review of Plant Biology, 55: 591 – 628.

May P, Liao W, Wu Y, et al, 2013. The effects of carbon dioxide and temperature on microRNA expression in Arabidopsis development [J]. Nature Communications, 4: 2145.

Miao SJ, Qiao YF and Zhang FT, 2015. Conversion of cropland to grassland and forest mitigates global warming potential in northeast China [J]. Polish Journal of Environmental Studies, 24: 1195 – 1203.

Mu XH, Chen Q W, Chen F J, et al, 2018. Dynamic remobilization of leaf nitrogen components in relation to photosynthetic rate during grain filling in maize [J]. Plant Physiology and Biochemistry, 129: 27 – 34.

Olesen, J. E. and Bindi, M., 2002. Consequences of climate change for European agricultural productivity, land use and policy. European journal of agronomy, 16 (4): 239 – 262.

Olesen, J. E. et al., 2011. Impacts and adaptation of European crop production systems to climate change. European Journal of Agronomy, 34 (2): 96 – 112.

Ottman, M. J., Kimball, B. A., White, J. W. and Wall, G. W., 2012. Wheat growth response to increased temperature from varied planting dates and supplemental infrared heating. Agronomy Journal, 104 (1): 7 – 16.

Peake A. S., Robertson M. J. andBidstrup R. J, 2008. Optimising maize plant population and irrigation strategies on the Darling Downs using the APSIM crop simulation model. Australian Journal of Experimental Agriculture, 48: 313 – 325.

Porter, J. R. et al., 2014. Food security and food production systems.

Prescott, J. A. (1940). Evaporation from a water surface in relation to solar radiation. Trans. Roy. Soc. S. Aust, 46.

Prins A, Mukubi JM, Pellny TK, et al, 2001. Acclimation to high CO_2 in maize is related to water status and dependent on leaf rank [J]. Plant, Cell and Environment, 34: 314 – 331.

Probert M. E., Keating B. A., Thompson J. P., et al, 1995. Modelling water, nitrogen, and crop yield for a long – term fallow management experiment. Australian Journal of Experimental Agriculture, 35: 941 – 950.

Pugh, T., Müller, C., Arneth, A., Haverd, V. and Smith, B., 2016. Key knowledge and data gaps in modelling the influence of CO_2 concentration on the terrestrial carbon sink. Journal of plant physiology, 203: 3 – 15.

Qian, Y., Wang, W., & Leung, L. R., 2007. Variability of solar radiation under cloud – free skies in China: the role of aerosols. Geophysical Research Letters, 34, L12804.

Qiao Y Z, Zhang H Z, Dong B D, et al, 2010. Effects of elevated CO_2 concentration on growth and water use efficiency of winter wheat under two soil water regimes [J]. Agricultural Water Management, 97 (11): 1742 – 1748. DOI: 10.1016/j. agwat. 2010. 06. 007.

Ramirez – Villegas J, Jarvis A, Lderach P, 2013. Empirical approachs for assessing impacts of climate change on agriculture: the EcoCrop model and a case study with grain sorghum [J]. Agricultural and Forest Meteorology, 170: 67 - 78.

Ramirez - Villegas, Julian, Heinemann, Alexandre, B., & Pereira, et al., 2018. Breeding implications of drought stress under future climate for upland rice in brazil. Global Change Biology. 24, 2035 - 2050.

Ray R L, Fares A, Risch E, 2018. Effects of drought on crop production and cropping areas in Texas [J]. Agricultural & Environmental Letters, 3 (1): 170037.

Ray, D. K., Ramankutty, N., Mueller, N. D., West, P. C., & Foley, J. A., 2012. Recent patterns of crop yield growth and stagnation. Nature Communications, 3, 1293.

Riahi K, Rao S, Krey V, Cho C, Chirkov V, Fischer G, Kindermann G, Nakicenovic N, Rafaj P. 2011: RCP8.5: a scenario of comparatively high greenhouse gas emissions. Climatic Change, 109: 33 - 57.

Robertson M. J., Carberry P. S., Huth N. I., et al, 2002. Simulation of growth and development of diverse legume species in APSIM. Australian Journal of Agricultural Research, 53: 429 - 446.

Ruiz - Vera UM, Siebers M, Gray SB, et al, 2013. Global warming can negate the expected CO_2 stimulation in photosynthesis and productivity for soybean grown in the Midwestern United States [J]. Plant Physiology, 162: 410 - 423.

Rötter, R. P., Tao, F., Höhn, J. G. and Palosuo, T., 2015. Use of crop simulation modelling to aid ideotype design of future cereal cultivars. Journal of Experimental Botany, 66 (12): 3463 - 3476.

Sage RF, Kubien D S, 2007. The temperature response of C_3 and C_4 photosynthesis [J]. Plant, Cell and Environment, 30 (9): 1086 - 1106.

SawadaS, Kuninaka M, Watanabe K, et al, 2001. The mechanism to suppress photosynthesis through end - product inhibition in single - rooted soybean leaves during acclimation to CO_2 enrichment [J]. Plant & Cell Physiology, 42 (10): 1093.

Schlenker w, Lobell D B, 2010. Robust negative impacts of climate change on African agriculture [J]. Environmental Research Letters, 5 (1): 01410.

Springer CJ, Orozco RA, Kelly JK, et al, 2008. Elevated CO_2 influences the expression of floral - initiation genes in Arabidopsis thaliana [J]. The New phytologist, 178: 243 - 255.

StittM, 2006. Rising CO_2 levels and their potential significance for carbon flow in photosynthetic cells [J]. Plant Cell & Environment, 14 (8): 741 - 762.

Tallis MJ, Rogers LA, Zhang J, et al, 2010. The transcriptome ofPopulusin elevated CO_2 reveals increased anthocyanin biosynthesis during delayed autumnal senescence [J]. New Phytologist, 186: 415 - 428.

Takatani N, Ito T, Kiba T, et al, 2014. Effects of high CO_2 on growth and metabolism of

Arabidopsis seedlings during growth with a constantly limited supply of nitrogen [J]. Plant and Cell Physiology, 55 (2): 281 - 292.

Tao, F., Hayashi, Y., Zhang, Z., Sakamoto, T. andYokozawa, M., 2008. Global warming, rice production, and water use in China: developing a probabilistic assessment. Agricultural and forest meteorology, 148 (1): 94 - 110.

Tao, F., Zhang, S., Zhang, Z., &.Rötter, R. P., 2014. Maize growing duration was prolonged across China in the past three decades under the combined effects of temperature, agronomic management, and cultivar shift. Global Change Biology, 20 (12), 3686 - 3699.

Tao, F., Zhang, S., Zhang, Z. andRötter, R. P., 2015. Temporal and spatial changes of maize yield potentials and yield gaps in the past three decades in China. Agriculture, Ecosystems &. Environment, 208: 12 - 20.

Tao, F., Zhang, Z., Zhang, S., &.Rötter, R. P., 2016. Variability in crop yields associated with climate anomalies in China over the past three decades. Regional Environmental Change, 16 (6), 1715 - 1723.

Tao, F., Zhang, Z., Zhang, S., Zhu, Z. and Shi, W., 2012. Response of crop yields to climate trends since 1980 in China. Climate Research, 54 (3): 233 - 247.

Tao, F. et al., 2014. Responses of wheat growth and yield to climate change in different climate zones of China, 1981—2009. Agricultural and Forest Meteorology, 189: 91 - 104.

Tewari AK and Tripathy BC, 1998. Temperature - stress - induced impairment of chlorophyll biosynthetic reactions in cucumber and wheat [J]. Plant Physiology, 117 (3): 851 - 858.

Thomson A M, Calvin K V, Smith S J, Kyle G P, Volke A, Patel P, Delgado - Arias S, Bond - Lamberty B, Wise M A, Clarke L E, Edmonds J A. 2011: RCP4. 5: a pathway for stabilization of radiative forcing by 2100. Climatic Change, 109: 77 - 94.

Ursula MR, Matthew S, Sharon BG, et al, 2013. Global warming can negate the expected CO_2 stimulation in photosynthesis and productivity for soybean grown in the Midwestern United States [J]. Plant and Cell Physiology, 162: 410 - 423.

Ursulam RV, Matthew HS, David WD, et al, 2015. Canopy warming caused photosynthetic acclimation andreduced seed yield in maize grown at ambient and elevated [CO_2] [J]. Global Change Biology, 21: 4237 - 4249.

van Vuuren D P, Edmonds J A, Kainuma M, Riahi K, Thomson A, Hibbard K, Hurtt G C, Kram T, Krey V, Lamarque J - F, Masui T, Meinshausen M, Nakicenovic N, Smith S T, Rose S K. 2011b: The representative concentration pathways: an overview. Climatic Change, 109: 5 - 31.

van Vuuren D P, Edmonds J A, Kainuma M, Riahi K, Weyant J. 2011a: A special issue on the RCPs. Climatic Change, 109: 1 - 4.

Wahid, A., Gelani, S., Ashraf, M. and Foolad, M. R., 2007. Heat tolerance in plants:

an overview. Environmental and experimental botany, 61 (3): 199 – 223.

Wang, P. et al. , 2016. How much yield loss has been caused by extreme temperature stress to the irrigated rice production in China? Climatic change, 134 (4): 635 – 650.

Way DA, Oren R, Kroner YL, 2015. The space – time continuum: the effects of elevated CO_2 and temperature on trees and the importance of scaling [J]. Plant Cell and Environment, 38: 991 – 1007.

Wild, M. , 2012. Enlightening global dimming and brightening. Bulletin of the American Meteorological Society, 93, 27 – 37.

WMO. The state of greenhouse gases in the atmosphere based on global observations through 2020. WMO Greenhouse Gas Bulletin 2021, 17.

Wang F. , Cresswell H. , Paydar Z. , et al, 2008a. Opportunities for manipulating catchment water balance by changing vegetation type on a topographic sequence: a simulation study. Hydrological Processes, 22: 736 – 749.

Wang E. , Xu J. and Smith C. J, 2008b. Value of historical climate knowledge, SOI based seasonal climate forecasting and stored soil moisture at sowing in crop nitrogen management in south eastern Australia. Agricultural and Forest Meteorology, 148: 1743 – 1753.

Wang E. , Yu Q. , Wu D. , et al, 2008c. Climate, agricultural production and hydrological balance in the North China Plain. International Journal of Climatology, doi: 10. 1002/ joc. 1677.

Yin XY, Peter EL, Putten VD, et al, 2016. Temperature response of bundle – sheath conductance in maize leaves [J]. Journal of Experimental Botany, 67: 2699 – 2714.

Yu ZH, Li YS, Wang G J, et al. Effectiveness of elevated CO_2 mediating bacterial communities in the soybean rhizosphere depends on genotypes [J]. Agriculture, Ecosystems and Environment, 2016, 231: 229 – 232.

Yuan, W. et al. , 2015. Validation of China – wide interpolated daily climate variables from 1960 to 2011. Theoretical and Applied Climatology, 119 (3 – 4): 689 – 700.

Zhang YL, Giuliani R, Zhang YJ, et al, 2018. Characterization of maize leaf pyruvate orthophosphatedikinase using high throughput sequencingFA [J]. Journal of Integrative Plant Biology, 60: 670 – 690.

Zhang, Z. et al. , 2014. The heat deficit index depicts the responses of rice yield to climate change in the northeastern three provinces of China. Regional environmental change, 14 (1): 27 – 38.

Zhao C, Liu B, Piao S L, et al, 2017. Temperature increase reduces global yields of major crops in four independent estimates [J]. Proceedings of the National Academy of Sciences, 114 (35): 9326 – 9331.

Zhao, C. et al. , 2017. Temperature increase reduces global yields of major crops in four independent estimates. Proc NatlAcad Sci U S A, 114 (35): 9326.

Zhao, Z. , Xin, Q. , Wang, Z. and Wang, E. , 2018. Performance of different cropping systems across precipitation gradient in North China Plain. Agricultural &. Forest Meteorology, 259: 162 - 172.

Zhou H, Guo S, An Y, et al, 2016. Exogenous spermidine delays chlorophyll metabolism in cucumber leaves (Cucumis sativus L.) under high temperature stress [J]. ActaPhysiologiae Plantarum, 38: 224.

Zhu CW, Ziska L, Zhu J G, et al, 2012. The temporal and species dynamics of photosynthetic acclimation in flag leaves of rice (Oryza sativa) and wheat (Triticum aestivum) under elevated carbon dioxide [J]. Physiologia Plantarum, 145 (3): 395 - 405.

Zipper S C, Qiu J, Kucharik C J, 2016. Drought effect on US maize and soybean production: Spatiotemporal patterns and historical changes [J]. Environmental Research Letters, 11 (9): 094021.

图书在版编目（CIP）数据

气候变化对中国玉米生产的影响及适应性途径评估 /
郭李萍等著. —北京：中国农业出版社，2022.12
　　ISBN 978-7-109-30286-0

　　Ⅰ.①气…　Ⅱ.①郭…　Ⅲ.①气候变化－影响－玉米
－栽培技术－研究－中国　Ⅳ.①S513

中国版本图书馆 CIP 数据核字（2022）第 229888 号

审图号：GS京（2022）1379号

中国农业出版社出版
地址：北京市朝阳区麦子店街 18 号楼
邮编：100125
责任编辑：王秀田　　文字编辑：张楚翘
版式设计：杜　然　责任校对：吴丽婷
印刷：北京中兴印刷有限公司
版次：2022 年 12 月第 1 版
印次：2022 年 12 月北京第 1 次印刷
发行：新华书店北京发行所
开本：700mm×1000mm　1/16
印张：13.5　　插页：2
字数：250 千字
定价：78.00 元

附　图

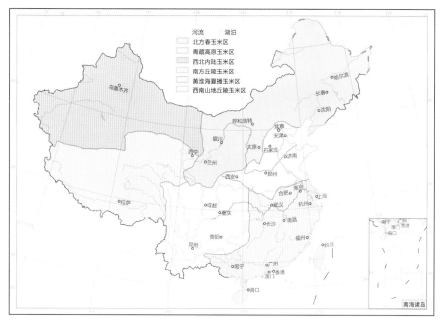

附图 1-1　中国玉米种植分区图

资料来源：据《中国玉米种植区划》（佟屏亚，1992）改编绘制。

a. 出苗期　　　　b. 三叶期　　　　c. 拔节期　　　　d. 拔节期（根系）

e. 大喇叭口期　　　f. 抽雄期　　　g. 抽雄期（根系）　　h. 吐丝期

附图 1-2　玉米主要生育期形态发育图

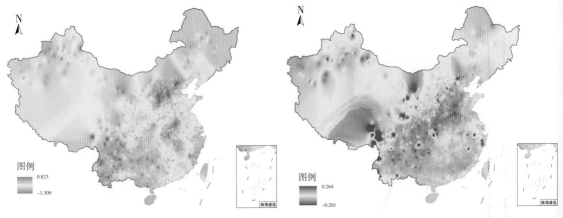

附图 2-1　1961—2015 年春玉米生育期总辐射变化　　附图 2-2　1961—2015 年春玉米生育期日均温变化

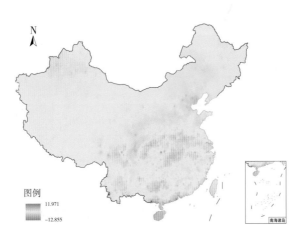

附图 2-3　1961—2015 年春玉米生育期降水量变化

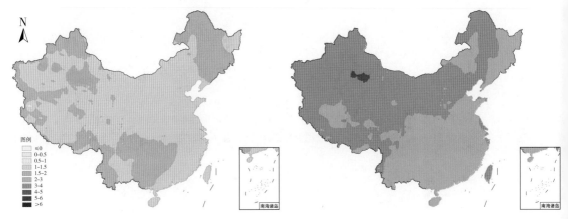

附图 3-1　未来相对于 1986—2005 年的日平均气温变化（℃）

左：RCP 4.5 2030s；右：RCP 8.5 2050s

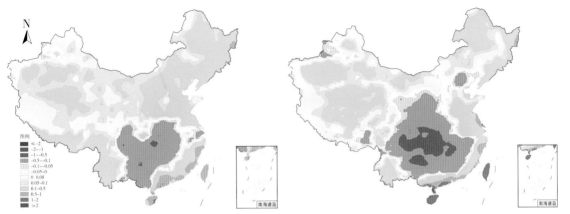

附图 3-2　未来相对于 1986—2005 年的日降水量变化（毫米／天）

左：RCP 4.5 2030s；右：RCP 8.5 2050s

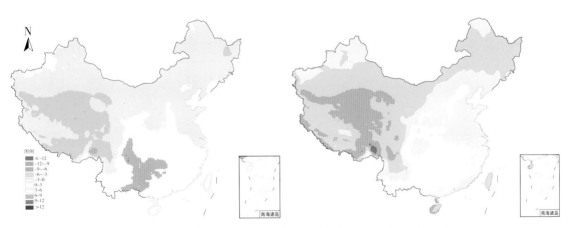

附图 3-3　未来相对于 1986—2005 年的太阳总辐射变化（瓦／平方米）

左：RCP 4.5 2030s；右：RCP 8.5 2050s

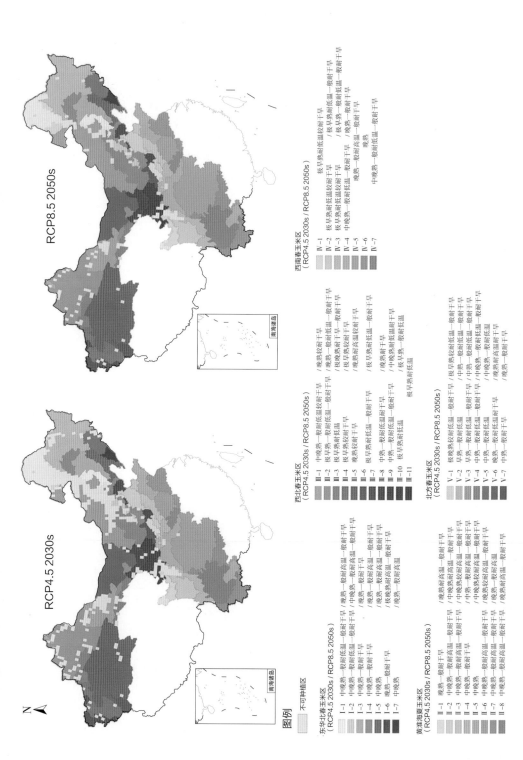

附图 10-1　中国玉米生态分区及气候变化情景下未来品种需求特征分布

左：RCP 4.5 2030s；　右：RCP 8.5 2050s